부모의
어휘력

일러두기

1. 이 책은 어휘의 여러 뜻 중 '부모의 어휘력'이라는 주제에 맞는 의미만을 추려 담아 이에 저자의 의견을 덧붙이는 방식으로 내용을 정리했다.

2. 책에서 소개하는 어휘 대부분은 국립국어원 표준국어대사전의 사전 정의를 기준으로 그 의미를 설명한다. 그러나 표준국어대사전에 등재되어 있지 않은 관용어, 신조어 등 일부 표현은 일반적으로 통용되는 의미를 가져왔다.

정확히 말할수록 아이의 세상이 커지는

필수 어휘 126

부모의 어휘력

김종원 지음

카시오페아
Cassiopeia

부모에게 왜
어휘 공부가 필요한가요?

한 아이가 학원에서 시험을 봤습니다. 열심히 공부한 만큼 높은 점수가 나왔는데, 놀랍게도 날이 갈수록 성적이 점점 더 오르고 있었습니다. 학원 선생님은 기쁜 마음으로 부모님에게 전화를 해 아이를 칭찬했습니다. 그러자 그 칭찬을 듣고 행복해진 부모님은 이렇게 답했습니다.

"저희 애가 고지식한 부분이 있어서, 뭐든 이렇게 최선을 다해 끝까지 하더라고요."

여러분은 이 말을 듣고 어떤 생각이 드시나요? 과연 '고지식하다'라는 말이 이런 상황에 맞는 표현일까요? 전혀 그렇지 않습니다. 아이는 이렇게 생각하게 될지도 모릅니다.

'최선을 다해 공부를 열심히 하고 성적이 점점 오르는 이유는 내가 고지식하기 때문이다.'

능력이 뛰어난 아이가 좋은 결과를 얻더라도, 부모님이 적절한 말을 들려주지 못하면 결국 아이도 상황과 맥락, 타인과 스스로에 대한 정확한 표현을 제대로 하지 못하게 됩니다. 결국 아이의 수준은 부모의 어휘력 수준에 맞게 내려갈 수밖에 없죠.

그렇다면 만약 이때 '고지식하다'라는 말이 아닌 '강직하다'라는 말을 들려줬다면 어땠을까요? '고지식하다'라는 말은 '성질이 외곬으로 곧아 융통성이 없다'라는 의미이고, '강직하다'라는 말은 '마음이 꼿꼿하고 곧다'라는 의미가 있습니다. 긍정적으로 표현해야 하는 상황에서 이렇게 강직하다고 말하면 그 상황을 더욱 멋지게 만들 수 있죠. 그래서 저는 이런 놀라운 사실을 하나 깨달았습니다.

"부모의 수준 높은 어휘력은 작은 아이도 크게 키우지만, 부모의 수준 낮은 어휘력은 큰 아이도 작게 만듭니다."

이건 결코 작은 차이가 아닙니다. 이번에는 다른 사례를 소개합니다. 여기 한 부모님과 초등학교 3학년 아이가 있습니다. 한창 친구를 새롭게 사귀며 소중하게 여길 나이죠. 그런데 하루는 울먹거리며 집에 돌아와 이렇게 외칩니다.

"엄마, 친구가 생일날 나만 초대를 안 했어! 그래서 너무 속상하고 외로워."

아이가 이렇게 얘기할 때, 여러분이라면 뭐라고 답하시겠어요? 부모님은 사랑하는 아이에게 바로 이렇게 질문했습니다.

"넌 세상에서 가장 외로운 사람이 누구라고 생각하니?"

그러자 아이는 바로 이렇게 응수했죠.

"생일날 초대받지 못한 사람?

아니면, 친구가 별로 없는 사람?"

이때 아이의 엄마는 따스한 음성으로 이런 이야기를 들려주었습니다.

"외로움이란 혼자 있지 못하는 걸 말한단다. 그래서 세상에서 가장 외로운 사람은 혼자 있지 못하고 주변 상황에 쉽게 휩쓸리는 사람이지. 이런 사람들은 수많은 사람들과 함께 있어도 오히려 더 외로워져. 친구들의 숫자나 생일날 초대받지 못했다는 사실보다 훨씬 중요한 게 뭔지 알아? 이런 것들에 연연하지 않고, 매일 너의 일을 하면서 하루를 보내는 거야. 그럼, 그 안에서 너만의 빛이 나는데, 그때 그 빛을 알아보고 마음에 맞는 친구가 다가올 거야. 친구의 숫자는 중요하지 않아. 그리고 모든 사람과 친하게 지낼 수도 없어. 너는 다만 너의 하루를 보내면 되는 거란다."

아이는 살면서 친구 관계로 참 많은 고민과 어려움을 겪습니다. 하지만 부모의 이런 지혜로운 말을 듣고 자란다면, 어떤 어려움도 스스로 해결할 수 있게 될 겁니다. 단순히 말을 잘하거나 어디에서 배워 이런 말을 구사할 수 있는 게 아닙니다. 앞서 두 사례에서 언급한 것처럼 '고지식하다'와 '강직하다', '친구'와 '외로움' 등 일상 속에서 아이에게 자주 쓰는 어휘에 대한 부모님만의 이해가 있었기에 가능한 일이죠. 이렇게 부모가 수준 높은 어휘력을 갖게 되면, 아이의 아주 세밀한 문제까지도 한마디로 해결할 수 있게 됩니다. 부모의 어휘력이 섬세할수록 아이를 바라보는 시선도 섬세해지고 아이가 스스로 문제를 해결하는 능력도 비약적인 발전을 이룰 수 있습니다. 정확한 표현과 어휘가 담긴 부모의 한마디 말로 아이는 전혀 다른 방향으로 성장할 수 있는 것이죠.

부모의 어휘력 수준은 아이가 살아갈 인생의 수준을 결정합니다. 지금까지 30년 넘게 100권이 넘는 책을 쓰고, 매년 100회 이상의 강연을 하며, 1만 명 이상의 부모님을 직접 만나 대화를 나누면서, 저는 결코 이 말에 과장이 있다고 생각하지 않습니다. 부모의 어휘력은 우리의 짐작보다 훨씬 더 중요한 것임을 깨달았기 때문입니다.

여러분은 아이를 더 크게 키우기 위해, 무엇을 추가로 배울 필요가 없습니다. 단지, 지금까지 알고 있었지만 세대로 몰랐던 어휘의 의미를 낭독과 필사라는 근사한 지적 도구를 통해 제대로 이해하고 내면에 담으시면 됩니다.

"그러니 여러분, 이 책을 반드시 반복해서
'나만의 것이 될 때'까지 읽으시길 바랍니다."

부모가 정확히 말할수록 아이의 세상은 더욱 커집니다. 지금부터 소개하는 일상 속 필수 어휘 126개를 통해, 여러분도 그 놀라운 세계를 만날 수 있습니다.

나는 평소 아이에게
어떤 말을 쓰고 있을까?

어휘력의 수준은 곧 세상을 보는 수준과 일치합니다. 어휘력 수준이 높은 사람들에게는 보이는 것이, 그렇지 않은 사람들의 눈에는 보이지 않죠. 그래서 어휘력의 수준이 낮을수록 이런 질문을 자주 던집니다.

"아니, '너무'나 '대박' 같은 표현을 자주 쓰는 게 대체 어휘력이랑 무슨 상관이야?"

"지금 말해야 할 게 얼마나 많은데, 꼭 어휘까지 신경 써서 말해야 하나?"

"그 단어가 그 단어 같고, 남들도 다 쓰는 말인데. 이게 그렇게 중요한가?"

우리 주변에는 귀하고 가치 있는 것들이 정말 많습니다. 어휘력 수준이 낮아서 그게 보이지 않는 것일 뿐이고, 보인다고 해도 표현을 제대로 하지 못해서 아이에게 설명하지 못하는 것입니다.

아래 체크리스트를 확인하며 자신의 현재 어휘력 수준을 점검해 보세요. 하위 20퍼센트라는 결과가 나와도 실망하지 마세요. 이 책을 통해 어휘를 정확하게 구분하고 제대로 말하는 연습을 하다 보면, 상위 5퍼센트 수준으로 자신의 어휘력을 끌어올릴 수 있습니다. 어렵지 않습니다. 다만, 방법을 몰랐을 뿐입니다.

체크리스트

1	아이에게 "대충 알아들어!"라는 말을 자주 한다.	
2	'너무', '대박'이라고 자주 말한다.	
3	쇼츠나 릴스 등 짧은 영상을 하루 30분 이상 본다.	
4	적절한 표현이 생각나지 않을 때가 많다.	
5	다들 이해한 것 같은데, 나만 이해 못할 때가 있다.	

6	의사소통이 어려워서 "만나서 이야기해"라는 말을 자주 한다.	
7	같은 말도 이상하게 기분 나쁘고 못되게 말하게 된다.	
8	메신저로 대화를 하면 자꾸 오해가 생긴다.	
9	'내 마음은 이게 아닌데'라는 생각이 자꾸 든다.	
10	기억력의 문제가 아니라, 어휘가 부족하다는 사실을 자각할 때가 있다.	
11	하고 싶은 말이 입 밖으로 나오지 않고 머릿속에서만 떠돈다.	
12	아이들도 어휘력 부족의 문제를 겪고 있다.	
13	자꾸 내가 편한 대로 말을 내뱉게 된다.	
14	무슨 말로 훈육해야 할지 몰라 아이에게 명령만 내리게 된다.	
15	난 좋은 마음을 전했다고 생각했는데, 상대방의 오해로 다툼이 자주 일어난다.	
16	하루 종일 몇 단어를 돌려쓰고 있다는 생각이 든다.	
17	다정하고 예쁜 말을 하지 못해서 고민이다.	
18	"그래서 대체 하고 싶은 말이 뭔데?"라는 질문을 자주 받는다.	
19	시간이 아무리 많아도 차분히 앉아서 독서에 집중하지 못한다.	
20	'ㅋㅋㅋ'와 이모티콘이 없으면 메시지를 보내기 힘들다.	

체크리스트 결과

0~3개 어휘 실력 만점! 따뜻하고 정확하게 말할 줄 아는 부모

상위 5퍼센트에 속하는 높은 어휘력의 소유자입니다. 지금도 잘하고 있지만, 이 책을 통해 더 많은 어휘를 정확히 이해하고 구분하여 사용하다 보면 아이와 대화는 훨씬 풍성해질 거예요.

4~7개 말하기에 관심 가득! 꾸준히 노력하는 부모

상위 20퍼센트에 속하는 평균 이상의 어휘력을 갖고 계십니다. 가끔 마음에 없는 말을 할 때도 있고, 더 좋은 표현이 생각나지 않을 때도 있어요. 하지만 아이에게 정확하고 바르게 표현하기 위해 열심히 노력하는 중이니, 이 책을 참고해 일상의 어휘를 조금만 더 익힌다면 지혜롭고 따뜻하게 말하는 부모가 될 수 있습니다.

8~12개 어휘 공부 필요! 방법을 고민하는 부모

평균 정도의 어휘력 수준입니다. 중요성은 알지만 어떻게 해야 할지 그 방법을 몰라 고민하고 있을 것 같네요. 평소에 자주 쓰는 어휘 몇 가지를 돌려쓰면서 아이와 대화하고 있지만, 점점 그 한계를 느끼고 있다면 이 책이 도움이 될 수 있을 거예요.

13개 이상 당장 변화가 시급! 답답함을 느끼고 있는 부모

하위 20퍼센트로 어휘력이 매우 낮은 수준입니다. 아이와 대화하거나 훈육할 때 이미 답답함을 느끼고 있을 수도 있어요. 하지만 세상에 늦은 때는 없습니다. 이제부터 이 책과 함께 어휘 공부를 시작하면 변화는 반드시 찾아올 것입니다.

1장
일상 어휘
매일 쓰는 단어 하나만 달라져도 아이의 태도와 행동이 변화한다

2장

감정 어휘

대화가 따뜻해지고 아이의 마음을 이해하게 해준다

1장

일상 어휘

매일 쓰는 단어 하나만 달라져도

아이의 태도와 행동이 변화한다

수고하다 / 대견하다

수고하다 「동사」 일을 하느라고 힘을 들이고 애를 쓰다.

대견하다 「형용사」 흐뭇하고 자랑스럽다.

아이의 자존감을 중요하게 생각하는 부모라면, 특히 아이와 나누는 일상에서 정말 섬세하게 생각하며 활용해야 하는 표현입니다. 아이가 어떤 식으로 느낄지 그 반응을 짐작하며 사용해야 하기 때문입니다. 아이가 학교나 학원에서 돌아오면 보통 "우리 딸(아들), 공부하느라 수고했네"라고 말하는데, 그럼 아이는 '공부는 수고스러운 일'이라는 공식을 만들게 됩니다. 아이는 언제나 부모가 직접적으로 들려준 말이 아니라, 그 안에 녹아 있는 의미를 내면에 담습니다. 그래서 말이 무서운 거죠. 그럼 자연스럽게 '수고를 했으니 보답을 받아야지'라는 부정적인 생각까지 할 수 있습니다. 이후 아이들은 이런 말을 하게 됩니다. "나 공부했으니까 스마트폰 30분만 더 할게!", "공부하고 왔으니까 게임 좀 해도 되는 거지?" 게다가 공부는 힘든 것, 공부는 고생하는 것, 이런 공식도 순식간에 만들어지죠. 그럼 어떻게 말하면 좋을까요?

수고하다

'수고하다'라는 말의 사전적인 의미를 살펴보면, 어떤 일을 하느라 힘을 들이고 애를 쓴 상황에 대한 표현입니다. '나쁘거나 좋거나'로 나눌 수 있는 말은 아니죠. 하지만 아이와 나누는 일상에서는 조금 주의할 필요가 있습니다. 공부나 양치질, 질서 지키기 등 아이가 살면서 당연히 지켜야 할 것들을 했을 때는 수고했다는 말이 적절하지 않습니다. 당연하게 해야 하는 일이지, 수고가 필요한 일이 아니기 때문입니다. 이 부분을 정확하게 인지해야 어떤 상황에서 수고한다는 말이 필요한지 파악할 수 있습니다.

대견하다

힘들고 어려운 상황에서도 무언가를 해낸 모습을 보며 흐뭇하고 자랑스러운 마음을 표현한 말입니다. 그래서 이런 방식으로 아이와 나누는 일상에서 자주 활용하면 더욱 좋죠. "그렇게 어려운 일을 하다니 대견하다.", "대견하게도 혼자서 해냈구나." 아이는 늘 무언가를 새롭게 시도하며, 힘든 상황에서도 도전을 멈추지 않습니다. 그런 아이의 도전과 변화를 멈추지 않게 하려면 적절한 격려의 말이 필요하죠. 이때 대견하다는 말은 용기와 함께 희망을 줄 수 있는 멋진 표현입니다.

일상 활용법

'수고하다'라는 표현은 아이가 스스로 선택한 어떤 일을 하느라 힘을 들이고 애를 썼을 때 사용하면 좋은 말이고, '대견하다'라는 표현은 힘들고 어려운 상황에서 기대 이상의 결과를 만들었을 때 사용하면 아이에게 멋진 격려가 될 수 있는 말입니다. 이때 기억해야 할 건, 아이가 반드시 해야 하는 일에 '수고하다'라는 말을 하지 않아야 한다는 사실입니다. 매우 중요한 지점이니 예문을 잘 살펴 주세요.

"엄마의 수고를 덜어 줘서 고마워, 우리 아들(딸)."

"네가 행복할 수 있다면 엄마는 얼마든지 수고할 수 있지."

"와, 벌써 이런 문제도 푸는구나, 언제 봐도 참 대견해."

"알아서 척척 양치질을 하는 네가 참 기특하고 대견해."

나서다 / 주도하다

나서다 「동사」 ② 어떠한 일을 가로맡거나 간섭하다.

주도하다 「동사」 주동적인 처지가 되어 이끌다.

새로운 것에 도전하는 아이의 행동을 볼 때 부모가 주로 하는 두 가지 표현이 있습니다. "나서지 말라고 했지!"라는 말과 "주도적으로 행동하는 네 모습이 참 멋지다"라는 말인데, 아이가 듣기에는 전혀 다르죠. '나서다'라는 말에서는 다소 부정적인 뉘앙스가, '주도하다'라는 말에서는 긍정적인 뉘앙스가 느껴지죠. 부모 자신이 이를 느낄 수 있다면 그 말을 듣는 아이는 훨씬 더 선명하게 느끼고 있다는 사실을 자각해야 합니다. 어린아이일수록 부모만 바라보며 살고 있기 때문에 부모의 한마디 말도 아주 섬세하게 내면에 담습니다. 물론 '나서다'라고 표현해야 할 때도 있습니다. 하지만 나선다고 말하기보다 '주도한다'라는 표현을 자주 사용하려는 의지를 가진다면, 아이의 단점보다는 장점을 자주 발견하는 멋진 효과를 볼 수 있습니다.

나서다

"저 사람은 남의 일에 나서기 좋아하는 것 같아.", "잘 알지도 못하면서 자꾸 나서는 사람이 있지." 이처럼 제대로 모르면서 자꾸 끼어드는 사람을 말할 때 사용하는 표현입니다. 허락을 받거나 주변에서 좋아하는 일도 아닌데, 자꾸 그런 모습을 보이면 좋은 이야기를 듣지 못하겠죠.

하지만 같은 표현이라도 아이들에게 말할 때는 좀 주의할 필요가 있습니다. 나서지 말라는 말은 무언가를 시도하려는 아이의 주도성을 자꾸만 훼손하기 때문에 '생각하지 않고 도전하지 않는 아이'로 만들 수 있죠. 예의와 도덕의 기준에서 정말로 많이 벗어난 경우가 아니라면 가급적 사용하지 않는 게 좋습니다. 어쩔 수 없이 말해야 한다면, '나서다'라는 말보다는 "그렇게 말하는 건 올바른 게 아니란다.", "좀 더 점잖게 행동하면 보기 좋을 것 같아"와 같은 표현으로 대체하는 게 좋습니다.

주도하다

제가 부모님들에게 자주 사용하라고 늘 추천하는 멋진 말입니다. 이 말은 스스로 의지를 가지고 도움이 될 무언가를 하는 모습을 표현하죠. "엄마는 네가 주도하면 뭔가 더 결과가 기대되더라"와 같이 긍정적인 표현으로 사용할 수 있습니다. 듣는 아이 입장에서도 부모가 그렇게 생각하니 뿌듯해서 스스로 뭐든 잘 해내는 아이로 자라게 됩니다. 그래서 '주도하다'라는 표현을 일상에서 자주 사용하는 부모님에게는 아이의 장점을 더 빛나게 키운다는 공통점이 있습니다. 이유는 간단해요. '주도하다'라는 말의 렌즈로 아이를 바라보니, 남들은 발견하지 못하는 내 아이의 장점과 빛을 저절로 집중해서 바라볼 수 있게 되니까요.

일상 활용법

"제 눈에는 왜 이렇게 아이의 단점만 보이는 거죠?", "내 아이만 못하는 것 같고, 내 아이만 조금 떨어지는 것 같아요." 이런 문제를 호소하는 부모님들에게서 공통적으로 나타나는 말 습관 중 하나가 바로 아이들에게 '나서지 말라고 했지'라는 표현을 자주 사용한다는 것입니다. 그런 억압적인 말을 자주 하니, 아이의 단점만 눈에 보이고 못하는 부분만 선명해지는 거죠. 그럴 때는 더욱 의식적으로 '주도하다'라는 말을 자주 사용하여 대화를 하는 게 좋습니다.

"스스로 주도한 일에서만 무언가를 배울 수 있어."
"무언가를 주도해 본 경험은 살아가는 데 큰 힘이 되지."
"네가 주도한다고 여기면 다르게 생각하게 될 거야."
"책임감은 그 일을 주도한 사람에게만 주어지는 값진 선물이란다."

빨리 / 충분히

빨리 「부사」「1」 걸리는 시간이 짧게.

충분히 「부사」 모자람이 없이 넉넉하게.

'빨리빨리'라는 말이 아이에게 좋은 영향을 주지 않는다는 사실을 모르는 부모는 없습니다. 다만 실천하지 못할 뿐이죠. 이유가 뭘까요? 간단해요. '빨리빨리'를 대신할 말을 찾지 못했기 때문에 어쩔 수 없이 쓰게 되는 것이죠. 특히 아침 시간에는 입에서 '빨리'라는 말이 끊이지 않고 마치 숨을 쉬듯 나옵니다.

본질이 뭔지 생각할 필요가 있습니다. 왜 아이에게 서둘러서 움직이라고 말하는 걸까요? 이전에 충분히 준비를 하지 않았기 때문입니다. 다음날 학교 갈 준비를 전날 충분히 했다면 오늘 아침은 좀 더 차분해집니다. 아침에 일찍 일어나기 위해 전날 충분히 준비해서 일찍 잠들었다면 마찬가지로 아침이 좀 더 조용해집니다. 결국 '빨리빨리'가 나온 이유는 이전에 충분히 준비하지 못했기 때문입니다. 그 사실을 알아차리면 모든 것을 아름답게 바꿀 수 있죠.

빨리

물론 '빨리'라는 말이 다 부정적인 건 아닙니다. 중요한 건 '말의 주체가 누구인가'입니다. 부모에게서 아이로 향하는 '빨리'가 아닌, 아이가 자기 자신에게 말하는 '빨리'가 되어야 이 말은 가치를 갖게 됩니다. 부모가 아이에게 던지는 '빨리'는 강요이지만, 아이가 자신에게 하는 '빨리'는 어떤 일을 하는 데 걸리는 시간을 스스로 짧게 만들려는 의지의 문제라서 그렇습니다. 늦지 않기 위해 빨리 일어나서 빨리 걷고, 계획한 것을 좀 더 빠르게 완성하기 위해 스스로 서둘러 바삐 움직이는 건, 아이의 인생 전체를 봤을 때 매우 중요합니다. 그래서 '빨리'라는 말을 할 때는 그 주체가 누구인지가 매우 중요합니다.

충분히

'충분히'라는 말은 아무리 들어도 질리지 않는 참 따뜻한 말입니다. 게다가 아이의 생각을 자극해서 스스로 자신의 상황을 판단하고 점검할 수 있게 해주는 말이라 더욱 귀합니다. 부모가 "충분히 했니?"라고 말하면, 아이는 "모자람이 없이 넉넉하게 했나?", "실력을 충분히 발휘했던 걸까?"라는 질문을 스스로에게 던지며 하루를 더욱 효율적으로 활용할 수 있습니다. 더욱 놀라운 사실은 부모에게 '빨리빨리'라는 잔소리를 듣지 않는 삶을 살게 된다는 거죠. 부모에게 '충분히'라는 말을 듣고 자란 아이는 스스로 일상을 제어할 수 있어서, '빨리빨리'라는 잔소리가 필요 없는 멋진 삶을 살 수 있습니다.

일상 활용법

'충분하다'라는 말의 가치는 아무리 말해도 충분하지 않습니다. 입버릇처럼 나오는 '빨리빨리'라는 말도 아름답게 대체할 수 있고, 아이가 자신의 하루를 점검하며 스스로 주도해서 바꿀 수 있게 해주니까요. 그래서 '충분하다'라는 말을 자주 듣고 자란 아이는 준비성이 철저합니다. 당장 오늘만 생각하며 살면 나중에 서두르며 자꾸만 촉박하게 움직여야 하지만, 늘 미래를 보며 움직이는 덕분에 빈틈이 없는 하루를 보낼 수 있게 되죠.

"충분히 준비하면 서두를 일이 없단다."

"밤에 충분히 잠을 자면 아침이 행복해져."

"이번 시험에서 실력을 충분히 발휘했니?"

"충분히 사랑받고 자란 사람은 거짓말을 하지 않아."

다투다 / 조율하다

다투다 「동사」 의견이나 이해의 대립으로 서로 따지며 싸우다.

조율하다 「동사」 「2」 (비유적으로) 문제를 어떤 대상에 알맞거나 마땅하도록 조절하다.

    보통 친구와 다투고 돌아온 아이에게 많은 부모가 이런 말을 들려줍니다. "다투지 말고 사이 좋게 지내야지.", "친구끼리 다투면 안 되지." 아이들이 서로 화해하지 않아 상황이 나아지지 않는다면 억지로 악수를 시키며, "이제 화해를 했으니 웃으며 노는 거야"라고 말하죠. 하지만 그런 억지스러운 말로는 상황을 해결할 수 없습니다. 그리고 상황을 지혜롭게 해결하는 방법도 알려 줄 수 없어서 같은 문제가 반복해서 일어나게 되죠. 이때 부모가 '조율하다'라는 표현을 쓸 수 있다면, 상황은 완전히 달라집니다. 이렇게 말이죠. "다투지 말고 사이 좋게 지내야지. 서로 의견이 맞지 않으면 조율하면 되는 거란다.", "의견은 모두 다를 수 있어. 그래서 조율하기 위해 대화가 필요한 거야."

다투다

의견이 다른 사람과 서로 따지고 싸우는 모습을 보며 우리는 '다툰다'라고 말합니다. "이 녀석아, 장난감을 놓고 동생이랑 또 다투니?", "너희들은 왜 만나기만 하면 다투는 거야!"라는 방식으로 말할 수 있습니다. 다투는 것 자체는 물론 좋은 게 아닙니다. 하지만 아이가 살아가는 데 다툼은 피할 수 있는 것이 아니죠. 다툼을 피하거나 덮으려고만 하지 않고 활짝 꺼내서, '잘' 다투는 방법을 가르쳐 주는 게 좋습니다. 그걸 알아야 아이가 일상에서 일어나는 모든 일에 중심을 잡고 자신을 지킬 수 있습니다.

조율하다

'다투다'라는 말과 '조율하다'라는 말을 함께 소개하는 이유는, 두 단어는 서로 힘을 더해야 시너지가 나기 때문입니다. 어떤 문제가 생겼을 때 기준과 원칙에 맞게 조절해 의견과 생각을 하나로 모으는 과정을 두고 '조율한다'라고 표현합니다. 아이들이 서로 다툴 때 이렇게 말하면 매우 효과적이죠. "누구나 놀다 보면 다툴 수 있어. 그래서 필요한 게 바로 소통이란다.", "대화를 나누다 보면 서로 마음에 맞는 부분을 찾을 수 있어. 그걸 바로 '조율'이라고 해."

일상 활용법

아이들이 친구들과 다투는 건 거의 일상이죠. 이때 한번 생각할 필요가 있습니다. 아이들은 왜 매번 비슷한 문제로 같은 아이와 반복해서 다투게 되는 걸까요? 다툼의 대상과 이유가 늘 같다면, '아이는 다투면서 크는 것'이라는 말은 답이 될 수 없습니다.

이때 필요한 게 바로 '조율'이라는 단어를 활용하는 것입니다. 아이가 다툰 친구와 함께 서로의 이해를 바탕으로 문제를 해결할 수 있도록 해주는 거죠. 아이는 스스로 자기 앞에 놓인 문제를 하나하나 해결하면서, 어떤 상황에서도 적절한 행동을 할 수 있다는 자기효능감까지 얻을 수 있게 됩니다. 아래의 예문과 위에 소개한 내용을 다시 읽어 보며 일상에서 적절하게 활용해 주세요.

"친구와 <u>다투는</u> 건 결코 나쁜 게 아니야."

"<u>다툰</u> 이후에는 대화를 통해서 <u>조율하는</u> 게 좋아."

"서로를 좀 더 이해하게 되면, 덜 <u>다툴</u> 수 있단다."

"얼굴이 다르듯 생각도 모두 다르지. <u>조율</u>을 통해 그걸 섬세하게 맞출 수 있단다."

저렴하다 / 합리적이다

저렴하다 「형용사」 물건 따위의 값이 싸다.

합리적 「명사」 이론이나 이치에 합당한 것.

　　분석하고 비교하는 힘, 많은 선택지 중 가장 적절한 하나를 선택할 줄 아는 힘을 아이가 기르기를 원한다면 반드시 제대로 구분하고 사용해야 하는 표현입니다. 일단 '저렴하다'라는 말에는 딱히 지적인 요소가 들어 있지 않습니다. 그저 가격만 싸면 붙일 수 있는 말이죠. 하지만 '합리적'이라는 말은 전혀 다릅니다. 단순히 가격이 싸다고 쓸 수 있는 표현만은 아닙니다. 같은 제품이라도 충분히 비교한 후, 가격이 낮으면서 또 다른 긍정적인 요인이 있을 때 "이거 합리적이네"라고 말할 수 있죠. 같은 말처럼 들리지만 전혀 다른 생각의 과정을 통해서 나온 말입니다.

저렴하다

'저렴하다'라는 표현은 물건의 값이 싸다고 느낄 때 주로 하는 말입니다. 이런 식으로 쓸 수 있습니다. "물건이 저렴해서 이 시장에는 자주 오게 되네.", "이번에는 좀 저렴한 걸로 골라 보자.", "그거 진짜 저렴하다!" 세 가지 예시문의 공통점을 찾으셨나요? 네, 맞아요. 비슷한 다른 제품과 비교하거나, 가치를 측정하며 생각을 표현한 말이 아닙니다. 다른 지점은 고려하지 않고 단지 숫자만 낮은 걸 표현하는 일차원적인 말이죠. 모든 상황에서 '저렴하다'라고만 말하게 되면, 아이들이 반드시 가져야 할 관찰력과 합리적인 태도를 갖지 못하게 될 수 있습니다.

합리적이다

'합리적이다'라는 말은 매우 입체적인 표현입니다. 다양한 제품이나 서비스를 앞에 두고 자신에게 가장 합당하다고 생각하고 선택한 것을 부르는 말이라 그렇습니다. 단순히 가격만 싸다고 합리적이라고 말할 수는 없습니다. 가격이 조금 비싸더라도, 그것으로 얻을 수 있는 이익이나 장점이 분명하다면 합리적이라고 생각할 수 있습니다. "와, 그거 정말 합리적인 선택이네!", "합리적인 방식으로 선택했다면 믿을 수 있지." 아이와 이렇게 대화를 나눌 수 있다면, 앞으로 만날 수많은 선택 앞에서 아이는 언제나 합리적인 선택을 할 수 있습니다.

일상 활용법

아이에게 일상에서 '합리적'이라는 표현을 자주 들려주는 게 좋습니다. "어떤 게 합리적인 선택일까?"라는 부모의 말을 들으며 아이는 '저렴하다'라는 말로는 얻지 못하는 다양한 시각과 지성을 얻게 됩니다. 스스로 비교하고 분석하는 과정을 통해, 남들은 발견하지 못하는 자신에게 꼭 맞는 장점을 찾을 수 있기 때문이죠. 이런 말로 그 과정과 가치를 전달하시면 됩니다.

"뭐가 너에게 좀 더 합리적인 선택이라고 생각하니?"
"왜 이 제품은 좀 더 합리적으로 느껴지는 걸까?"

"네 생각에 이 제품은 단순히 가격만 <u>저렴한</u> 제품이랑 뭐가 다르니?"

"가격만 비교하면 <u>저렴한</u> 게 맞지. 하지만 다른 가치까지 고려해 본다면 이건 <u>합리적일</u> 수 있는 거야."

적당하게 / 만족스럽게

적당하다 「형용사」「1」 정도에 알맞다.

만족스럽다 「형용사」 매우 만족할 만한 데가 있다.

 아이가 자신의 힘으로 해결하기 힘든 일을 새롭게 시작하면, 지켜보는 마음이 어떠신가요? 이때 부모 마음은 때로는 초조하면서 불안하고, 또 때로는 고생하는 게 딱해서 안쓰러운 마음이 들기도 합니다. 그런 마음에 아직 일이 제대로 마무리되지 않은 상태에서 가끔 "됐어, 이제 그만 하렴. 그 정도면 적당히 했어"라는 말로 아이를 쉬게 하고 격려하죠. 물론 그런 선택도 필요합니다. 하지만 그런 말을 반복하면 아이는 결국 스스로 끝을 내지 못하는 사람이 됩니다. 또 자신이 무엇을 어떻게 얼마나 해야 하나의 일을 끝맺을 수 있는지도 모르는 아이가 되죠. 일의 크기를 측정하지 못해서 늘 중간에 지치거나 포기합니다. 그래서 필요한 말이 '만족스럽게'라는 표현입니다. 일상에서 두 표현을 적절히 구분하여 활용해 주세요.

적당하게

엇비슷하게 혹은 정도에 알맞게, 최선은 아니지만 통과나 합격 수준 정도의 노력을 했을 때 쓰는 말입니다. "그 정도면 됐어. 적당히 하자.", "그 정도면 적당한 것 같으니, 이제 좀 쉬자." 이렇게 '적당하게'라는 표현의 앞뒤에는 '그 정도면 됐다'라는 의미의 말이 나옵니다. 최선을 다한다는 느낌이 전혀 들지 않죠. 고생하고 힘든 아이에게는 위로와 격려가 될 수 있는 말이지만, 그 반대의 경우라면 피해야 하는 말입니다. 무엇 하나를 시작해서 끝내지 못하거나 쉽게 무기력해지는 아이에게 '적당하게'라고 자주 말한다면 아이는 더욱 더 그런 삶을 살게 될 가능성이 높아집니다. 또한, 어릴 때부터 '적당하게'라는 표현을 자주 듣고 자란 아이들은 크면서 마무리를 맺지 못하고, 모든 일을 흐리멍덩하게 넘어가는 사람으로 성장할 가능성이 높습니다.

만족스럽게

자신이 주도한 어떤 일이나 관계에서 원하는 결과를 맞이했을 때 보통 '만족스럽다'라고 말합니다. 어떤 상황에서 무엇을 어떻게 얼마나 해야 하는지 제대로 파악할 수 있게 해주므로 일의 전체 크기를 측정할 수 있습니다. 대충 그냥 넘어가는 일이 없이 온전히 모든 것을 파악할 줄 아는 똑똑한 아이로 키우는 대표적인 말이기도 합니다. "이번 시험 결과는 만족스럽니?", "요즘 하루하루가 어때? 스스로 생각할 때 만족스럽니?", "좀 더 만족스러운 결과가 나오려면 무엇을 더 해보면 좋을까?"라는 식으로 자연스럽게 아이의 생각을 자극해 주면 좋습니다.

일상 활용법

'적당하게'와 '만족스럽게'를 자연스럽게 비교해서 깊이 생각해 볼 수 있게 하는 것만으로도 아이가 가진 생각의 크기를 확장할 수 있습니다. 이런 말을 활용하신다면 아이의 삶을 구성하고 있는 아주 작은 부분까지 변화를 기대할 수 있죠.

"적당한 수준의 노력으로는 원하는 걸 갖기 힘들어."

"'적당하게' 해낸 일과 '만족스럽게' 해낸 일 사이에는 나중에 얼마나 큰 격차가 벌어질까?"

"적당히 해서 만족한 적이 있니?"

"만족할 때까지 꾸준히 하면 후회가 없어."

혼내다 / 알려 주다

혼내다 「동사」 윗사람이 아랫사람의 잘못에 대하여 호되게 나무라거나 벌을 주다.

알리다 「동사」 「1」 사물이나 상황에 대한 정보나 지식을 알게 하다.

　　아이들에게 세상은 참 신비롭습니다. 늘 새로운 일이 생기고, 아직 충분히 경험하지 못해서 실수를 반복할 수 있죠. 그럴 때마다 부모는 두 가지 선택지 중 하나를 선택할 수 있습니다. 하나는 혼내는 것이고, 다른 하나는 알려 주는 것입니다. 매우 중요한 지점입니다. 같은 상황이지만 다른 선택이 가능하니까요. 실수로 물을 쏟은 아이에게 우리는 "너, 엄마가 조심하라고 했어, 안 했어!"라며 혼을 낼 수도 있고, "손에 조금만 더 힘을 주고 차분하게 움직이면 흘리지 않고 마실 수 있어"라며 방법을 알려 줄 수도 있죠.

혼내는 부모가 되고 싶은가요? 아니면 알 때까지 차분하게 알려 주는 부모가 되고 싶은가요? 이처럼 같은 상황에서도 부모가 어떤 단어의 시선으로 아이를 바라보느냐에 따라서 전혀 다른 말을 들려줄 수 있습니다.

혼내다

'혼내다'라는 말은 위에서 아래로만 흐르는 표현입니다. 아래에서 위로 흐르거나 수평적인 말이 아니죠. 대부분 윗사람이 아랫사람의 잘못에 대하여 호되게 나무라거나 벌을 줄 때 사용합니다. 선생님이 학생에게, 부모가 자식에게, 직장 상사가 직원에게 들려주는 말이 여기에 속합니다. 한 방향으로만 흐르기 때문에 소통이 되지 않으며 일방적으로 주입하는 방식일 가능성이 높습니다. 물론 혼내야 하는 순간도 있습니다. 그럴 때는 이렇게 말하면서 혼내면 좋습니다. "잘못하면 혼나는 거야. 그리고 혼날 때는 웃으면서 할 수 없어." 그렇게 분명하게 말해야 아이가 스스로 잘못했다는 사실을 인지하며 '잘' 혼날 수 있습니다.

알려 주다

'알려 주다'라는 말은 사물이나 상황에 대한 정보나 지식을 알게 하고, 다른 사람에게 어떤 것을 소개하여 알게 해 주는 대표적인 표현입니다. 중요한 건 모든 방향으로 흐를 수 있는 자유로운 표현이라는 사실이죠. 무언가를 더 많이 아는 사람이 덜 아는 사람에게 들려줄 수 있는 말입니다. 따라서 부모가 아이에게 들려준다면 서로 배우면서 의견도 교환할 수 있기 때문에 더욱 긍정적인 영향을 나눌 수 있죠. "모르는 건 서로에게 알려 주면서 배우는 거야.", "모르는 건 죄가 아니야. 모르면서 알려고 하지 않는다면 그게 잘못이지." 이런 말을 통해서 '안다는 것'에 대한 새로운 이해의 씨앗을 심어 주면 더욱 좋습니다.

일상 활용법

맞아요, 늘 아이들을 혼내기보다는 하나라도 더 알려 주는 부모가 되고 싶습니다. 그렇지만 가끔 너무 힘들 때 마음에서 자꾸만 다른 말이 나오죠. 그럴 때는 이런 말을 기억하시면 흔들리는 마음의 중심을 잡는 데 도움이 될 수 있습니다.

"아이를 자꾸 혼내기만 하면, 일상에서 영감을 받기 힘들어서 아이 내면에 깨달음의 꽃이 피어나지 않게 됩니다."

"모르면 언제든 물어보렴. 얼마든지 <u>알려 줄게</u>."

"네가 차분히 앉아서 식사를 하면 모두 행복하게 식사를 즐길 수 있다고 지금 엄마가 <u>알려 주는</u> 거야."

"실수는 <u>혼나야</u> 할 일이 아니라, 좀 더 배워야 한다는 신호란다."

"조금만 덜 거칠게 말하면 친구랑 예쁘게 대화를 나눌 수 있다고 지난번에 <u>알려 주지</u> 않았니?"

"알아서 척척 양치질을 하는 네가 참 기특하고 **대견해**."

"스스로 **주도한** 일에서만 무언가를 배울 수 있어."

"**충분히** 준비하면 서두를 일이 없단다."

"**다툰** 이후에는 대화를 통해서 **조율하는** 게 좋아."

_____

_____

_____

"가격만 비교하면 **저렴한** 게 맞지. 하지만 다른 가치까지 고려

해 본다면 이건 **합리적일** 수 있는 거야."

_____

_____

_____

_____

_____

"**적당히** 해서 **만족한** 적이 있니?"

"모르면 언제든 물어보렴. 얼마든지 **알려 줄게.**"

놀라다 / 경탄하다

놀라다 「동사」 「1」 뜻밖의 일이나 무서움에 가슴이 두근거리다.

경탄하다 「동사」 몹시 놀라며 감탄하다.

비슷한 말이라고 생각할 수도, 전혀 상관이 없는 말이라고 생각할 수도 있습니다. 하지만 이 두 표현 사이에는 집중해서 생각하지 않으면 발견할 수 없는 비밀이 녹아 있습니다. 바로 '놀라다'에는 '당하는 입장'이 포함되어 있고, '경탄하다'에는 '주도하는 입장'이 들어 있다는 사실입니다.

어떠신가요? 놀라울 정도로 매우 다르죠. 같은 상황에서 다른 단어를 사용하는 것만으로도 우리는 소비자가 될 수도 반대로 창조자가 될 수도 있습니다. 놀이동산에서 놀이기구를 타면서도 "깜짝 놀랄 정도로 무서웠어!"라고 말할 수 있지만, "세상에, 정말 경탄스럽다. 어쩌면 이렇게 잘 만들었을까?"라는 말로 무언가를 관찰하고 스스로 배울 수도 있습니다. 이렇게 창조의 말을 듣고 자란다면 아이는 얼마나 멋지게 성장할까요? 부모가 상황을 바라보는 말의 시선만 바꿔도, 아이가 얻을 수 있는 게 달라집니다.

놀라다

'놀라다'라는 말은 당하는 입장에서 나온 수동적인 표현입니다. 뜻밖의 어떤 일이나 무서움에 가슴이 두근거리는 모습을 나타내는 말이라서 그렇습니다. 물론 놀랐다고 말해야 할 때도 있습니다. 주로 어떤 커다란 소리가 났거나 기가 막힐 이런 경우에 쓰죠. "갑자기 소리를 지르니까 깜짝 놀랐잖아."

그렇다면 이런 방식으로 말할 때는 어떨까요? "엄청난 규모와 시설에 놀랐네.", "정말 신기한 게 많아서 놀랐지 뭐야." 이런 경우에는 충분히 '경탄하다'라는 말로 바꿔 쓸 수 있습니다. 이 표현은 단순히 규모나 시설에 놀라는 것을 넘어서서, 아이가 새롭게 배우고 관찰할 수 있게 해줍니다.

경탄하다

'경탄하다'라는 말은 '놀라다'와 '감탄하다', 이 두 단어의 결합이라고 볼 수 있습니다. 놀라는 선에서 그치지 않고 감탄까지 하게 되면, 그게 더해져 경탄이 되는 것입니다. 놀라는 것이 보통 사람들의 방식이라면, 경탄은 높은 지성인만이 도달할 수 있는 가장 지적인 방식이죠. 경탄의 수준이 곧 그 사람이 가진 지성의 수준과도 같습니다.

일상 활용법

누가 시켜야만 움직이는 아이들은 무언가 놀라운 장면을 볼 때 대부분 '놀랐잖아'라고 말하지만, 주도적으로 움직이며 새로운 것을 창조하는 아이들은 같은 상황에서도 '경탄했어'라는 말을 할 줄 압니다. 이건 결코 나이가 어려서 하지 못하거나 나이가 들어야지만 할 수 있는 어른의 언어가 아닙니다. 부모에게 자주 들어서 익숙해지면 누구든 경험 가능한 멋진 변화죠.

"엄마는 너의 해박한 지식에 경탄했어. 어쩌면 그런 세세한 것까지 다 알고 있니?"

"뭐든 그냥 놀라지만 말고, 다가가서 자세히 보면 경탄하게 된단다."

"아빠는 너의 당당한 태도와 높은 자존감에 늘 경탄해!"

"더 깊이 생각하면 분명히 누구에게든 경탄할 부분이 있단다."

활동적이다 / 나대다

활동적 「명사」 「1」 몸을 움직여 행동하는 것.
　　　 「2」 어떤 일의 성과를 거두기 위하여 힘쓰는 것.
나대다 「동사」 「2」 얌전히 있지 못하고 철없이 촐랑거리다.

　　아이가 무언가를 시도해서 실패하거나 실수를 하면 때로는 "그러니까 엄마가 뭐라고 했어! 괜히 나대지 말고 시키는 거나 똑바로 하라고!"라는 말로 윽박지르곤 합니다. 그럼 아이의 생각이 점점 어떻게 변할까요? 맞아요, 생각하려고 하지 않고 자꾸만 세상의 소리에 순응하는 사람이 됩니다.

　　이것 하나를 꼭 기억해 주세요. 우리는 남에게 폐를 끼치지 않기 위해서 사는 것이 아닙니다. 남들에게 예의를 지키는 것만큼이나 중요한 건 자기 삶을 사는 것이죠. 나대지 말라는 말만 듣고 자란 아이는 비판받는 것에 대한 두려움, 홀로 남겨지는 것에 대한 고통, 놀림감이 될 수 있다는 위험을 느끼며 남들과 다르게 사는 것 자체를 아예 생각조차 하지 않게 됩니다.

활동적이다

아이들은 탐험이나 모험을 워낙 좋아하니 '활동적'이라는 표현은 아이 입장에서 참 반가운 말입니다. 부정의 의미가 모두 사라진 매우 능동적인 표현이라, 자신의 행동에 대한 가치를 부모가 알아 준다는 느낌을 받을 수 있기 때문입니다. "우리 아이는 활동적이라서 늘 새로운 걸 배우고 깨닫는 것 같아.", "활동적으로 움직이고 도전하는 네가 참 멋져"라는 말을 들으면, 아이는 더욱 힘이 나서 잘하려고 하겠죠. 더불어 '활동적'이라는 건 어떤 일의 성과나 일정한 성장을 위하여 힘쓰는 것을 말하기도 하니, 아이가 자신의 몸을 움직여서 행동할 때 이 표현을 적절하게 사용해 준다면 아이도 힘을 내서 어떤 일이든 더 멋지게 해낼 수 있습니다.

나대다

의젓하게 혹은 차분하게 무언가에 집중하지 못하고 쓸데 없는 일에만 시간을 소비하는 모습을 표현할 때 쓰는 말입니다. 이 말을 들으면 자연스럽게 이런 감정이 들죠. "나는 정말 촐랑거리는 사람이구나.", "내가 하는 일이 별 가치가 없는 일이구나.", "나는 왜 진득이 무언가에 몰입하지 못하는 걸까?"

'나대다'라는 말은 일상에 필요하긴 하지만, 최소한 부모와 아이 사이에서는 자제하는 게 좋습니다. 얼마든지 이런 방식의 다른 말로 다른 의미를 부여할 수 있으니까요. "너무 서두르면 결과가 좋지 않아.", "조금만 차분하게 생각하면 시간을 멋지게 활용할 수 있단다.", "조용히 바라보면 다른 모습을 볼 수 있어."

일상 활용법

"넌 왜 그렇게 자신의 생각대로 살지 못하는 거야!", "왜네 기준을 세우지 못하고 남들 평가에 연연하니?" 이런 말을 듣는 아이들에게는 대부분 어릴 때 '나대다'와 같은 말을 자주 들었다는 공통점이 있습니다. 나대지 말라는 말보다는 아래에 소개하는 방식으로 '활동적이구나'라고 말해 주는 게 좋습니다.

"활동적인 사람이 자신의 생각을 세상에 더 많이 보여 줄 수 있지."

"활동적인 사람이 좋은 기회도 더 많이 만날 수 있어."

"몸을 움직여 활동하는 기쁨은 경험해 본 사람만 알 수 있지."

"그 친구는 학교에서 농구 선수로 활약할 정도로 정말 활동적이더라."

흉잡다 / 바로잡다

흉잡다 「동사」 남의 잘못을 꼬집어서 들추어내다.

바로잡다 「동사」 「1」 굽거나 비뚤어진 것을 곧게 하다.

두 단어 모두 '~잡다'라는 표현이 들어갑니다. 하지만 의미는 전혀 다르죠. '흉잡다'라는 말은 의도적으로 타인의 단점이나 부정적인 지점을 찾아내서 들추어내는 것을 말하지만, '바로잡다'라는 말은 그 방향이 자신을 향합니다. 타인이 아닌 자신에게 부족한 부분이나 스스로 잘못하고 있는 것들을 올바르게 바꿀 때 사용할 수 있는 표현이죠. 그래서 더욱 부모의 역할이 중요한 단어라고 볼 수 있습니다. 어릴 때부터 흉잡는 행위가 나쁜 행동이라는 사실을 알려 주며, 동시에 '바로잡다'라는 말로 올바르지 않게 말하고 행동하는 부분을 스스로 찾아서 고칠 수 있도록 해 주는 게 좋습니다.

흉잡다

누군가를 부러워하거나 질투하게 되면 자신도 모르게 내가 갖고 싶은 걸 가진 사람의 흉을 잡게 됩니다. 아직 마음이 약한 아이들은 더욱 그런 유혹에 넘어가기 쉽죠. 그래서 아이들이 남의 잘못을 꼬집어서 들추어내고 흉잡을 때, 그런 식의 행동이 나쁜 거라는 사실을 이렇게 알려 주어야 합니다. "친구의 흉을 잡는 건 부끄러운 행동이야. 좋은 것을 찾아서 칭찬할 수 있어야 멋진 친구라고 말할 수 있지." 부모가 흉잡는다는 말의 의미를 분명히 알고 있어야, 이렇게 아이를 좋은 방향으로 이끄는 말을 들려줄 수 있습니다.

바로잡다

아이는 처음 만나는 것들이 참 많습니다. 그래서 간혹 잘못 배우거나 제대로 알지 못해서 실수를 합니다. 그때 필요한 게 바로 '바로잡다'라는 표현입니다. 그릇된 일을 바르게 만들거나, 비뚤어진 것을 곧게 하고, 잘못된 것을 올바르게 고치는 것을 '바로잡다'라고 말하죠. "앉은 자세를 바로잡아야 좋은 자세를 유지할 수 있단다.", "그런 방식으로 일을 처리하면 안 되지. 순서를 바로잡아야 결과도 좋아져." 부모가 이런 방식으로 아이의 잘못된 부분을 정확히 알려 주며 나아질 방법을 제시할 수 있다면, 내일을 기대할 수 있는 멋진 사람으로 성장할 겁니다.

일상 활용법

흉은 바깥으로 나가는 표현이고, 바로잡는 건 자신을 향하는 표현이죠. 이것만 기억하시면 두 단어를 좀 더 자유롭게 활용할 수 있습니다. 남의 흉만 보며 사는 부모에게서 자란 아이와, 반대로 스스로 자신의 잘못을 바로잡으며 사는 부모에게서 자란 아이. 그 결과가 어떨까요? 자, 답이 나왔다면 이제 다음에 제시하는 예문을 활용해서 아이에게 주고 싶은 것을 전하세요.

"남의 흉을 잡아서 얻을 수 있는 건 아무것도 없지."

"잘못한 건 스스로 바로잡는 게 좋아."

"주변 사람들의 흥만 잡는 친구를 보면 넌 어떤 생각이 드니?"

"너무 빠르게 말하는 버릇을 바로잡으려면 어떻게 해야 좋을까?"

작다 / 아담하다

작다 「형용사」「1」 길이, 넓이, 부피 따위가 비교 대상이나 보통보다 덜하다.
「3」 일의 규모, 범위, 정도, 중요성 따위가 비교 대상이나 보통 수준에 미치지 못하다.

아담하다 「형용사」「2」 적당히 자그마하다.

'작다'라는 말이 있지만 거의 비슷한 의미인 '아담하다'라는 말이 또 있는 이유는, 소중한 사람에게 예쁘고 다정하게 말하는 사람들이 존재해서죠. 바로 여러분, 아이를 누구보다 사랑하는 부모님이 그 주인공입니다.

같은 것을 봐도 한 번 생각한 사람은 '작다'라는 말을 꺼내지만, 두 번 넘게 생각한 사람은 좀 더 따뜻한 의미의 '아담하다'라는 말을 꺼냅니다. 작다는 말에는 다른 의미를 더하거나 붙이기 어렵습니다. 그러나 아담하다는 말은 전혀 다르죠. 예를 들어서, 작다는 말로는 "너 키가 진짜 작다"라고만 표현할 수 있지만, 아담하다는 말로는 "넌 키가 아담해서, 곁에 서 있으면 더 가깝게 느껴지는 것 같아"라고 표현할 수 있습니다. 작다는 말은 거기에서 대화를 멈추게 만들지만, 아담하다는 말은 계속해서 좋은 부분을 찾게 해줍니다.

작다

'아담하다'라는 말의 의미와 비교하며 '작다'라는 말의 뜻을 한번 생각해 보세요. 부모라면 왜 단어를 골라서 써야 하는지 좀 더 생생하게 깨닫게 될 것입니다.

'작다'는 길이, 넓이, 부피 등이 비교하는 대상이나 세상의 기준보다 덜하다는 의미를 표현할 때 사용합니다. 작은 글씨, 작은 키, 작은 몸집, 작은 집 등 어떤 기준에 비해 작을 때 이렇게 표현하죠. 또한 작은 사건, 작은 일 등으로 보통 수준에 미치지 못하는 것을 의미하기도 합니다.

아이들은 작은 것보다는 보통 크고 대단한 것을 좋아합니다. 사실을 제대로 전할 때는 꼭 필요한 말이지만, 부모의 의견이 개입되기 시작하면 듣는 아이에게는 상처를 줄수도 있습니다.

아담하다

'아담하다'라는 말처럼 상대에게 깊은 배려와 희망을 동시에 전해 주는 단어는 없다고 생각합니다. 아담하다는 사실 작다는 말입니다. 그런데 여기에 이것 하나가 추가됩니다. 바로 '적당히'라는 의미입니다. 작다고 말하면 되는데 굳이 왜 그 앞에 '적당히'라는 말을 덧붙였을까요? 듣는 상대방을 배려하고 희망을 주고 싶어서 그런 게 아닐까요?

아이가 겨울에 몇 시간을 투자해서 눈사람을 만들었다고 생각해 봅시다. 그런데 사실 누가 봐도 너무 작아서 그대로 말했다가는 아이가 실망할 것 같을 때, 우리는 "와, 눈사람이 아담해서 우리 ○○이랑 참 잘 어울린다"라는 말을 들려줄 수 있습니다.

일상 활용법

대화에는 '센스'라는 것이 있습니다. 같은 말도 좀 더 예쁘게 하고, 끝나는 대화도 다시 자연스럽게 연결하며, 좋은 마음을 전할 수 있는 사람에게 우리는 '대화 센스가 있다'라고 말하죠. 늘 주변 사람들에게 좋은 기분을 선물하는 덕분에 모두가 그 사람을 찾고 지지합니다. 객관적인 사실을 전달해야 하는 중요한 상황이 아니라, 이런 대화 센스가 필요한 때 '작다'라는 말을 '아담하다'라는 말로 바꿔 쓸 줄 아는 부모라면, 아이들 역시 저절로 대화 센스를 자기 삶에 장착하게 되겠죠.

"키가 작다는 말은 기분이 나쁘지만, 아담하다는 말은 다르게 느껴져."
"텃밭 규모가 생각보다 아담해서 오히려 좋다."
"근처에 작은 빵집이 하나 생겼는데 맛이 기대되네."
"정원이 아담하고 참 예쁘다."

다르다 / 틀리다

다르다 「형용사」 「1」 비교가 되는 두 대상이 서로 같지 아니하다.
틀리다 「동사」 「1」 셈이나 사실 따위가 그르게 되거나 어긋나다.

'다르다'와 '틀리다'라는 말 역시 우리가 잘 알고 있으면서도 자꾸만 맞지 않게 사용하는 표현 중 하나입니다. 사소하다고 생각하며 넘길 수도 있지만, 아이에게 미치는 영향력을 고려할 때 매우 중요한 문제라 자세하게 설명하겠습니다.

"네 생각은 틀렸어.", "그런 방식은 틀린 거야.", "우리는 생각이 너무 틀려서 힘들겠다." 부모가 이런 방식으로 아이가 가진 생각이나 마음, 혹은 의견을 듣고 '틀렸다'라는 말을 자주 사용하면 어떤 일이 일어날까요? '난 왜 늘 틀리는 걸까?'라는 자책으로 시작해서, 자신이 가진 생각에 대한 믿음을 갖지 못하니, 나중에는 아예 생각하지 않는 아이로 자랄 가능성이 높습니다. 게다가 생각을 하더라도 혼날 수 있으니 말과 글로 표현하지 않게 됩니다. 맞아요, 아이는 '틀렸다'라는 부모의 말을 '혼난다'라는 뜻으로 받아들입니다. 그게 바로 우리가 당장 아이에게 올바른 말을 해야 하는 이유입니다.

다르다

"잘 해내는 사람은 뭔가 다르다.", "예술가의 시선은 시작부터 다르다.", "좋은 부모는 아이에게 하는 말이 다르다." '다르다'라는 말은 이렇게 비교가 되는 두 대상이 서로 같지 않을 때 사용하는 표현입니다. 아이들을 가르치고 일상에서 자주 대화를 나누는 부모에게는 매우 중요한 표현이라고 볼 수 있습니다. '다르다'라고 말해야 하는데, '틀리다'라고 잘못 말하게 되면 그 순간부터 아이는 생각의 다양성과 자신의 가능성까지 잃을 수 있으니까요. 다르게 볼 수 있어야 좀 더 멀리 볼 수 있고, 깊이까지 추구할 수 있다는 사실을 기억해 주세요.

틀리다

'틀리다'라는 말은 수학이나 과학처럼 세상이 정한 정확한 답이 있는 경우에 자주 사용하는 표현입니다. 각종 셈이나 뉴스 기사에서 사실이 그르게 되거나 어긋날 때 사용하면 정확한 정보를 전달할 수 있어서 좋습니다.

"이번 수학 시험에서 7번 문제를 틀렸구나.", "네가 아는 정보는 사실이 아니야. 틀린 정보니까, 다시 한번 확인해 보는 게 좋을 것 같아." 이렇게 분명하게 사실 관계가 그르게 되었거나, 답이 맞지 않는 경우에는 '틀리다'라는 말을 활용해서 분명하게 답해야 합니다. 그래야 아이가 정확한 정보를 바탕으로 자기만의 생각도 할 수 있게 됩니다.

일상 활용법

자신의 의견을 자유롭게 말한 아이에게 "네가 틀렸어!"라고 답하는 건, "너 혼날래!"라고 말하는 것과 같습니다. 아이 입장에서는 그렇게 들려서 그렇습니다. 한번 잘못 나온 부모의 말이 아이가 생각할 자유까지도 억압할 수 있죠. 아이가 자신의 생각을 들려줄 때, 아이에게 '다르다'와 '틀리다'라는 표현을 이렇게 구분해 전달하시면 됩니다.

"세상에 <u>틀린</u> 마음은 없어. 사람 마음은 모두 <u>다를</u> 수 있단다."

"네가 오늘 이 숙제를 다 마치기는 <u>틀린</u> 것 같다."

"이 꽃이랑 저 꽃은 전혀 <u>다른</u> 종류의 꽃이란다."

"지금 네가 말한 건 사실과 맞지 않는 <u>틀린</u> 내용이야."

때문에 / 덕분에

때문 「의존 명사」 어떤 일의 원인이나 까닭.

덕분 「명사」 베풀어 준 은혜나 도움.

    의식하지 않으면 구분해서 말하는 게 생각보다 어려운 표현입니다. '덕분에'를 말해야 할 때 '때문에'라고 말해서, 좋았던 의미가 부정적으로 바뀌는 경우를 참 자주 목격합니다. 이를테면 아이에게 그날의 좋았던 기분을 표현할 때 "너 때문에 오늘 엄마도 즐거웠어"라고 말하면 조금 이상하죠. 듣는 아이는 혼란스러울 겁니다. 표현이 오락가락 자꾸 바뀌면, 현재 엄마의 진짜 마음이 어떤지 나중에는 짐작도 못하게 되죠. 부모의 말이 애매하면 아이는 언어라는 길 위에서 방황할 수밖에 없습니다. "네가 곁에 있었던 덕분에 오늘 엄마도 참 즐거웠어"라고 말해야 아이에게 전하고 싶은 좋은 마음을 제대로 전할 수 있습니다.

때문에

어떤 일의 원인이나 까닭을 표현할 때 사용하는 말입니다. 그런데 문제는 그 일의 원인이나 까닭이 '때문에'라는 말을 쓸 때 대부분 부정적인 경우가 많다는 사실에 있죠. 그래서 상황을 더욱 섬세하게 관찰한 후, 이렇게 확실히 부정적인 경우에 사용하는 것이 좋습니다. "멀미 때문에 고생을 했구나.", "오늘 먹은 음식 때문에 배탈이 났네.", "늦잠 자는 버릇 때문에 나중에 고생할 수 있어."

'때문에'라는 말이 주로 부정적인 표현에 쓰이는 탓에 최대한 쓰지 않는 게 좋다고 생각할 수도 있습니다. 하지만 이렇게 꼭 필요한 상황에서 쓴다면, 오히려 아이의 잘못된 습관이나 태도를 고치는 데 활용할 수 있습니다.

덕분에

모든 긍정적인 사람들이 좋아하는, 마법의 단어라고 말

할 수 있죠. 아주 부정적인 상황이 아니라면 '덕분에'라는 말을 적용했을 때, 대부분의 상황은 물론이고 말하고 듣는 사람의 기분까지 아름답게 만들 수 있어서 그렇습니다.

'세상이나 사람과 같이 어떤 대상이 내게 베풀어 준 은혜나 도움'을 표현할 때 주로 '덕분에'라는 말을 사용하는데, 이런 방식으로 일상에서 언어의 마법을 부릴 수 있습니다. "사람들 때문에 빠르게 걷지 못했어. 결국 신호등이 바뀌어서 기다려야 하네!"라는 말이, "갑자기 신호등이 바뀐 덕분에 잠시 멈춰서 쉴 수 있게 되었네"처럼 바뀝니다. '덕분에'라는 표현을 통해 세상을 바라보면 보이지 않았던 희망과 긍정의 세상을 만날 수 있게 되고, 세상을 대하는 아이의 태도와 시선까지도 긍정적으로 바꿀 수 있습니다.

일상 활용법

"에이, 그게 뭐 얼마나 중요하다고! 그냥 대충 아무 말이나 써!"라고 말할 수도 있습니다. 하지만 그건 언어에 숨어 있는 놀라운 힘을 아직 경험하지 못한 분들이 하기 쉬운 착각입니다. 적절한 순간, 제대로 정확히 표현한 말의 힘은 아주 강합니다. 한마디 말로 부정적인 아이의 세계를 긍정의 공간으로 초대할 수 있죠. 그 수많은 말 중에 '때문에'와 '덕분에'라는 말은 가장 효과적인 표현입니다. 이런 식으로 아이에게 설명해 주세요.

"'때문에'라는 말 대신에 '덕분에'라고 말하면, 세상과 사람을 좀 더 긍정적으로 보게 돼."

"나쁜 버릇 때문에 오해를 받을 수도 있어."

"엄마는 네가 있는 덕분에 얼마나 행복한지 몰라."

"그깟 시험 점수 때문에 힘들어하지 마. 네가 열심히 한 게 더 중요한 거니까."

타고나다 / 솜씨

타고나다 「동사」 어떤 성품이나 능력, 운명 따위를 선천적으로 가지고 태어나다.

솜씨 「명사」 손을 놀려 무엇을 만들거나 어떤 일을 하는 재주.

    눈에 보이지는 않지만 아이들의 삶은 끝없는 경쟁의 연속입니다. 어디에서 무엇을 하든 자신보다 잘하는 친구를 새롭게 알게 되고, 그런 과정에서 경쟁은 피하기 힘들죠. 중요한 건 그럴 때마다 들려주는 부모의 말에 있습니다.

    '타고나다'라는 말은 익숙한 표현이라, 쉽게 생각하고 사용하는 부모님들이 많습니다. 그래서 이런 부작용도 생기죠. 바로, 노력을 타고난 것으로 너무 쉽게 바꿔 말하는 겁니다. "저 친구는 축구 실력을 타고났네.", "저 정도 수준의 글쓰기는 타고나야 가능하지." 부모가 일상에서 무심코 내

뱉는 이런 말을 듣는 아이들은 '나는 타고난 게 아니니, 아무리 노력해도 이길 수 없겠지'라는 생각에 잠기게 됩니다.

이렇듯 노력하지 않고 도전하지 않는 아이들의 무기력한 모습은 부모의 "타고난 거야"라는 말에서 시작한 경우가 많습니다. 시선을 조금 돌려서 '솜씨'라는 말을 활용하면, 아이는 이제 과정에 녹아 있는 무수한 노력을 바라보게 됩니다. 한마디 말로 그런 기적이 가능합니다. 왜 그런지 살펴보겠습니다.

타고나다

'타고나다'라는 말은 아주 조심스럽게 써야 하는 표현입니다. 두 가지 의미가 녹아 있기 때문인데요. 하나는 '하늘이 내려준 운명', 또 하나는 '선천적인 재능'이 바로 그것입니다. 둘의 공통점은 인간의 노력으로 바꿀 수 없는 것이라는 데 있습니다. 부모가 이런 말버릇을 습관적으로 갖게 되면, 아이는 한 사람의 성장에 필요한 '노력'이라는 정말 중요한 가치를 잃고 살아갑니다. "저 친구는 축구 실력을 타고났네!", "공부도 타고나야 할 수 있는 거야.", "타고나길 이렇게 태어났는데 내가 어쩌겠나!"라고 말이죠. 어떠세요? 물론 정말 타고난 경우도 있을 겁니다. 모든 게 노력으로 되는 건 아니니까요. 하지만 너무 어릴 때부터 아이에게 타고난 재능에 대한 이야기만을 들려준다면 아이의 성장에 좋을 게 없습니다.

솜씨

"솜씨없는 사람이 연장을 탓한다"라는 말이 있죠. 이 한 마디 말에 솜씨라는 말의 멋진 가치가 녹아 있습니다. '무엇을 만들거나 어떤 일을 하는 재주'를 말하는 솜씨는 타고나거나 좋은 연장으로 대신할 수 있는 게 아닙니다. 오직 하나, 오랫동안 잘하려고 애쓴 세월만이 줄 수 있는 소중한 선물이죠. 자신이 공들여 만든 것을 스스로에게 선물할 줄 아는, 어쩌면 후천적인 재능이라고 볼 수도 있겠네요. 일상에서 부모가 "저 친구는 팔굽혀펴기를 하는 솜씨가 좋네"라고 말하면, 아이는 '저 친구는 오랫동안 팔굽혀펴기를 연습했나 보구나'라고 생각하게 됩니다. 정말 중요한 생각의 지점이죠. 그냥 스쳐 지나가지 않고 친구가 노력한 과정을 들여다보았다는 말이니까요.

부모가 '타고났다'라고 말하면 아이는 일의 결과만 보고 지나가지만, '솜씨가 좋네'라고 말하면 아이는 그 일의 시작과 과정을 치열하게 관찰하며 그 자리를 한동안 지나치지 못합니다. 모든 것을 관찰한 후 충분히 이해한 후에야 그 자리를 벗어나기 때문입니다. 아래에 소개하는 예시로, 아이에게 '타고나다'와 '솜씨'를 좀 더 구체적으로 설명할 수 있습니다.

"와, 한두 번 해 본 솜씨가 아니네."

"타고난 것과 아닌 것을 어떻게 구별할 수 있을까?"

"어쩌면 이렇게 능숙하니. 그 솜씨는 오랫동안 노력한 덕분에 얻은 거구나."

"누구에게나 타고난 능력이 하나 정도는 있어."

미련하다 / 미숙하다

미련하다 「형용사」 터무니없는 고집을 부릴 정도로 매우 어리석고 둔하다.

미숙하다 「형용사」 「1」 열매나 음식이 아직 익지 않은 상태에 있다.

아이가 혼자 농구를 열심히 연습해서 슛을 던지는데, 잘 들어가지 않습니다. 최선을 다하는 그 광경을 보고 어떤 말을 들려주면 좋을까요? 그때는 "아직 슛에 미숙하구나. 좀 더 연습하면 분명 나아질 거야"라고 말하면 되죠. 뭐든 제대로 된 단어를 하나 선택하면, 이후에 나올 말이 저절로 완벽해집니다. 하지만 착각을 해서 "왜 그런 식으로 미련하게 연습하고 있어? 그러니까 슛이 들어갈 리가 없지!"라고 말하면, 뒤에 나오는 말이 스스로도 듣기 싫은 표현으로 만들어집니다. 미련하다는 말과 미숙하다는 말은 정말 너무나 다른 표현입니다. 그래서 더욱 조심해야 하며, 이처럼 상황에 맞는 말만 선택해도 우리는 아이들에게 더 좋은 대안과 빛나는 말을 들려줄 수 있습니다.

미련하다

아이가 무언가를 제대로 하지 못하거나, 반복해서 실수를 할 때 "넌 왜 이렇게 미련하니! 제발 좀 잘할 수 없겠어?"라고 말하기도 합니다. 하지만 이건 제대로 된 표현이라고 말할 수 없습니다. 실수하고 미숙한 건 연습이나 도전이 필요한 일이지, 결코 미련한 행동은 아니기 때문입니다. '미련하다'라는 말은 계속해서 아이가 말을 듣지 않고 고집을 부리거나 어리석고 둔해 보일 때 쓸 수 있습니다. "언제까지 그렇게 엄마 말을 듣지 않고 미련하게 굴래?", "자꾸 고집만 부리는 건 미련한 짓이야." 이런 방식으로 말할 수 있죠.

미숙하다

아이는 아직 모르는 게 많습니다. 어른에 비해 경험치

가 낮기 때문에 부모가 볼 땐 뭐든 늘 부족해 보여서 걱정입니다. 그럴 때 바로 '미숙하다'라는 말을 사용할 수 있죠. 연습이나 보완이 필요하다는 신호로도 활용할 수 있습니다. 그래서 미숙하다는 말은 결코 부정적인 의미를 가진 표현이 아닙니다. 미숙하다는 건 알기 위해서 그만큼 노력하고 있다는 사실을 증명하니까요. 아이의 실력과 능력이 아직 서툴러서 익지 않은 과일처럼 시간이 좀 더 필요할 때 '미숙하다'라고 말하는 게 좋습니다.

일상 활용법

"넌 왜 이렇게 미숙하니?"와 "넌 왜 이렇게 미련하니?"라는 말은 모두 기분 나쁜 표현입니다. 하지만 미련하다는 건 고집의 영역이고, 미숙하다는 건 성장의 영역이라고 볼 수 있어요. 스스로 도전하고 실패하며 점점 나아질 수 있습니다. 아래 소개하는 예시를 참고로 아이와 함께 멋진 대화를 즐겨 보세요.

"'미숙하다'라는 말은 연습이 좀 더 필요하다는 의미이고, '미련하다'라는 말은 고집을 버려야 할 필요가 있다는 의미야."

"누구든 계속 연습하고 보완하면 <u>미숙한</u> 과정을 벗어나 발전할 수 있지."

"같은 실수를 고치지 않고 반복하는 건 <u>미련한</u> 짓이야."

"<u>미숙하다는</u> 건 희망이 남아 있다는 증거야. 조금만 다듬으면 나아질 수 있다는 말이니까."

"아빠는 너의 당당한 태도와 높은 자존감에 늘 **경탄해!**"

"**활동적인** 사람이 좋은 기회도 더 많이 만날 수 있어."

"잘못한 건 스스로 **바로잡는** 게 좋아."

"정원이 **아담하고** 참 예쁘다."

"세상에 **틀린** 마음은 없어. 사람 마음은 모두 **다를** 수 있단

다."

"엄마는 네가 있는 **덕분에** 얼마나 행복한지 몰라."

"어쩌면 이렇게 능숙하니. 그 **솜씨**는 오랫동안 노력한 덕분에

얻은 거구나."

"누구든 계속 연습하고 보완하면 **미숙한** 과정을 벗어나 발전

할 수 있지."

너무 / 정말

너무 「부사」 일정한 정도나 한계를 훨씬 넘어선 상태로.

정말 「부사」 거짓이 없이 말 그대로.

'너무'라는 부사가 이제는 개정이 되어 긍정적인 의미로 사용할 수 있다는 사실은 저도 잘 알고 있습니다. 하지만 의미를 개정한다고 그 안에 든 이미지와 생각까지 개정할 수는 없습니다. 표현 자체가 아이의 생각과 창의력에 좋은 역할을 하지 않기 때문입니다. 간단하게 예를 들면 이렇습니다. "너무 맛없다.", "너무 별로다.", "너무 힘들다." '너무'는 이렇게 부정적인 상황에서 쓸 때 비로소 잘 어울리는 표현입니다. 그러나 '너무'를 사용하지 말아야 하는 더욱 중요한 이유가 하나 있습니다. 이 표현은 아이의 상상력과 창조력, 그리고 생각하는 힘 자체를 잃게 만드는 최악의 표현이기 때문입니다. 이유는 간단합니다. 수백 명의 사람들에게 각자 다른 음식과 옷을 모두 제공한 후에 기분을 물으면 입을 모아 "너무 좋아요.", "너무 맛있어요"라는 답이 나오죠. 수백 명이 수백 가지의 음식과 옷을 먹고 입었지만, 그 대답을 듣고 우리는 그들이 무엇을 먹고 입었는지 전혀 짐작도 할 수 없습니다. 그래서 필요한 다른 표현이 바로 '정말'입니다. 그 이유를 한번 살펴보겠습니다.

너무

'너무'는 일정한 정도나 한계를 훨씬 뛰어넘은 상태를 뜻하는 부사입니다. 과거에는 '일정한 정도나 한계에 지나치게'라는 뜻으로 부정적인 상황을 표현할 때만 사용되었습니다. 하지만 2015년 이후 '한계를 훨씬 넘어선 상태로'로, 그 뜻을 수정하면서 긍정적인 말과도 함께 쓰일 수 있게 되었습니다. 하지만 이 표현을 자주 쓰게 되면, ① 순식간에 생각을 표현하는 '너무'라는, 세상에서 가장 간단한 표현이 있어서 굳이 깊이 생각하지 않게 됩니다. ② 모든 표현이 '너무'라는 말 하나로 전개되기 때문에 자신만의 표현을 갖지 못하게 됩니다. 또한, 생생한 표현도 할 수 없죠.
③ 결국 이런 과정을 통해 당연히 문해력이 낮아지고, 의
사소통이 되지 않아 아이와 입씨름이 끊이지 않습니다.

정말

'거짓이 없는 말'이라는 의미를 전할 때 주로 사용하는
표현입니다. 그래서 '너무'를 대체하기에 가장 적절한 말이
라고 볼 수 있습니다. '정말'이라는 표현을 사용하다 보면,
'왜 이것이 거짓이 없는 말'인지 설명하는 표현을 덧붙일
수 있는 덕분에 좀 더 선명한 자기만의 생각을 전할 수 있
습니다. "정말 좋아요.", "정말 맛있어요." 이렇게 '너무'를 빼
고 '정말'을 넣으면, 바로 이런 생각이 자동으로 들게 됩니
다. '얼마나 좋았는지 구체적으로 설명하고 싶다.', '그 음식
이 얼마나 좋았지?', '그 옷이 얼마나 근사했지?'

'정말'이라는 표현은 우리의 생각을 자극해서 자꾸만 더
생각하게 만듭니다. 그래서 결국 이런 말을 떠올리게 되죠.
"그 음식은 마치 입으로 받는 선물 같아서, 씹을 때마다 정
말 기분이 좋았어.", "몸에 근사한 날개를 다는 것 같은 옷
이라, 날 자유롭게 만들어 줘서 정말 좋았어." 이처럼 음식

을 먹을 때, 옷을 입었을 때의 감정이 선명하게 전해지는 근사한 표현을 할 수 있게 됩니다.

일상 활용법

'너무'라는 말은 아이의 생각을 멈추게 만들고, '정말'이라는 표현은 자꾸만 더 생각하고 싶게 만들어 줍니다. 아이에게 '정말'이라는 표현을 자주 써야 생각을 자극해서 좋은 영향을 줄 수 있죠. 지금부터 한번 '너무'가 없는 하루를 시작해 보세요. 그럼 일시적으로 아이들과 나누는 대화가 줄어들 가능성이 높습니다. '너무'를 대체할 표현을 찾아야 해서 그렇습니다. 하지만 말이 줄었다는 건, 바로 생각을 시작하게 되었다는 좋은 증거입니다. 그 시작을 이런 말로 해주시는 게 좋습니다.

"그 연필은 너무 작아서 필기할 때 불편하겠다."

"이번에 산 그 옷, 네가 입으니까 정말 천사처럼 예쁘다."

"시험에서 100점을 받았다고? 축하해, 정말 잘 됐다."

"여행 준비는 아무리 여러 번 반복해도 할 때마다 너무 힘들어."

신중하다 / 느리다

신중하다 「형용사」 매우 조심스럽다.

느리다 「형용사」 「1」 어떤 동작을 하는 데 걸리는 시간이 길다.

    부모는 언제나 아이에게 힘이 될 수 있는 말을 하려고 합니다. 하지만 그간의 관성으로 자신도 모르게 부정적인 말이 나오죠. 말은 그렇게 쉽게 바꿀 수 있는 게 아니기 때문이죠. 중요한 건 그 사실을 스스로 인지하지 못한다는 것입니다. 그러니 더욱 집중해서 읽어 주세요. 자, 그럼 한 번 살펴보죠.

    '신중하다'라는 말은 듣는 사람에게 힘을 줄 수 있는 매우 긍정적인 표현입니다. 하지만 같은 상황에서 '느리다'라는 표현을 선택하게 되면, 듣기에 매우 부정적으로 느껴지므로 주의할 필요가 있습니다. "넌 참 신중하게 생각하고 행동하는구나"라는 말을 듣는 아이와 "넌 왜 이렇게 느리니!"라는 말을 듣고 자라는 아이의 미래는 결코 같을 수 없을 겁니다. 느리다는 말을 자주 듣고 자란 아이는 무기력하고 도전하지 않는 사람으로 성장할 가능성도 높습니다.

신중하다

'신중하다'라는 말은 같은 문제도 두 번 세 번 생각하며 조심스럽게 문제의 중심에 다가서는 모습을 표현하는 단어입니다. "신중하게 생각하는 모습이 멋지네.", "신중하게 생각하면 뭐든 해결할 수 있지"라는 말로 아이에게 그 가치를 전할 수 있죠. 이때 중요한 부분이 하나 있습니다. 신중하게 생각하는 아이는 깊이 생각하므로 당연히 그 속도는 빠르지 않겠죠. 하지만 천천히 가는 이유는 게을러서가 아닙니다. 지금 하는 일의 가치를 느끼고 있기 때문에 조심스럽게 다가가고 있는 겁니다. 이렇게 아이가 생각하는 과정을 이해해야 제대로 표현할 수 있습니다.

느리다

그렇다고 '느리다'라는 말이 부정적이거나 아이의 미래를 망치는 표현은 아닙니다. 어떤 말이든 모두 적절하게 활용하면 좋은 영향을 전할 수 있습니다. 이해하기 쉽게 설명하면 이렇습니다. '신중하다'가 '생각의 깊이'에 대한 표현이라면, '느리다'는 동작을 하는 데 걸리는 '시간의 길이'에 대한 표현입니다. 깊이와 길이의 문제인 셈이죠. 그래서 진도가 느리거나 일이 더디게 진행될 때 이런 방식으로 말할 수 있습니다. "더운 여름이라 그런지 시간이 느리게 흐르는 것 같네.", "이번에는 수업 진도가 조금 느린 것 같아."

일상 활용법

신중하게 두 번 세 번 생각하는 아이에게 "너는 왜 이렇게 느리니!"라고 말하면, 이제 아이는 굳이 생각을 하지 않게 될 것입니다. 인간은 누구든 자신의 가치를 알아 주지 않으면 애써 그걸 반복해서 하려고 하지 않으니까요. 하지만 만약 당신이 "우리 아이는 참 신중해"라고 말해 준다면, 아이는 기쁜 마음에 더 깊이 생각하며 늘 좋은 답을 내는 사람으로 성장하겠죠. 느리다는 말이 나쁘다는 이야기가 아닙니다. 써야 할 때 적절히 써야 아이를 빛낼 수 있다는 말이죠. 아래에 소개하는 말을 참고하면 두 표현을 어떤 때에 써야 하는지 알 수 있을 겁니다.

"저 친구는 달리는 속도가 정말 느리네."
"그렇게 느리게 걸어가면 언제 도착할 수 있겠어."
"신중하게 생각하면 더 좋은 답을 찾을 수 있지."
"같은 상황에서도 신중한 사람은 실수가 없어."

넘겨짚다 / 헤아리다

넘겨짚다 「동사」 남의 생각이나 행동에 대하여 뚜렷한 근거 없이 짐작으로 판단하다.

헤아리다 「동사」 「3」 짐작하여 가늠하거나 미루어 생각하다.

    혹시 아이가 여러분에게 화를 내면서 "아 좀, 그렇게 넘겨짚지 말라고!"라고 말한 적이 있나요? 그렇다면 지금 여러분은 아이 마음에 맞지 않는 잘못된 단어를 사용하고 있을 가능성이 매우 높습니다. 아이가 넘겨짚지 말라고 한 건, 자기 마음을 헤아려 달라고 돌려서 말한 것과 같습니다. '넘겨짚다'라고 말해야 할 때가 있고, '헤아리다'라고 말해야 더 좋을 때도 있습니다. 하지만 적어도 아이와 일상을 나누는 부모라면, '헤아리다'라는 말을 더 자주 사용하는 게 좋습니다. 서로 애정이 없거나 미워하는 사이일 때는 쉽게 넘겨짚을 수 있지만, 좀 더 이해하고 싶은 마음이 간절한 사랑하는 관계 안에서는 헤아릴 수 있기 때문입니다.

넘겨짚다

근거도 없이 타인의 생각이나 행동에 대해 짐작으로 판단하는 것을 '넘겨짚다'라고 표현합니다. 짐작으로 빠르게 결론을 내니, 당연히 맞는 게 별로 없겠죠. 하나 묻겠습니다. '근거도 없이'라는 말은 무엇을 의미하는 걸까요? 이해하려는 노력조차 하지 않았다는 사실을 뜻합니다. 이해하려는 노력조차 하지 않았으니 짐작으로 판단하게 되죠. 결국 평소 그 사람을 바라보는 자신의 태도와 생각이 그대로 말에 나타나게 됩니다. "저 사람은 이럴 거야.", "이런 태도는 이걸 의미하지"와 같은, 그를 바라보던 평소의 고정관념이 아무런 근거나 이해하려는 노력도 없이 바로 나옵니다. 부모는 더욱 그런 늪에 빠지기 쉽습니다. 많은 부모가 '나는 내 아이를 잘 알고 있어'라고 생각하기 때문입니다. 하지만 가정에서 '넘겨짚다'라는 말을 자주 쓸수록 아이와 부모 사이 서로를 향한 이해나 믿음이 낮을 수밖에 없다는 사실을 기억해 주세요.

헤아리다

'헤아리다'라는 말은 참 아름답죠. 듣기만 해도 마음이 깊어집니다. 이 단어 안에 '짐작'하고, '가늠'하고, '깊이 생각한 시간'이 모두 녹아 있어서 그렇습니다. 빠르게 결론을 내기 위해 한번 계산하고 마는 게 아니라, 하나하나 살펴보고 또 확인하는 섬세한 마음이 느껴지는 말입니다. 이런 단어를 아이에게 자주 사용하는 부모는 설거지를 하다가도 아이의 마음을 헤아리고, 식사를 하다가도 놀이터에서 놀다가도 아이의 마음을 헤아립니다. 그러니 이런 부모의 마음은 얼마나 깊고 아름다울까요. 아이가 느끼는 일상의 어려움과 고통을 모두 이해하고 있으니, 그 입에서 나오는 말이 아이 마음에 닿지 않을 수 없을 것입니다. 아이와 나누는 일상에서 "지금 너의 마음을 헤아리고 있단다"라는 말을 자주 들려주는 부모님, 상상만으로도 마음이 예뻐집니다.

일상 활용법

'넘겨짚다'라는 말은 지레짐작하거나 속단하는 것을 말합니다. 왜 그럴까요? 이미 자신이 정한 결론이 있기 때문이죠. 그래서 어떤 부모는 아이들의 말과 행동을 부모가 정한 결론에 맞게 변형해서 끼워 맞추기도 합니다. 그럼 아이들의 마음속에서는 저절로 '엄마는 잘 알지도 못하면서!'라는 외침이 나오게 되죠. 하지만 '헤아리다'라는 말은 다릅니다. 모든 것을 하나하나 이해하고 싶은, 엄마의 마음을 꼭 닮은 단어라고 볼 수 있어요. 그래서 '헤아리다'라는 말을 자주 사용하는 부모는 아이들에게 "엄마는 어쩌면 그렇게 내 마음을 잘 알아"라는 아름다운 말을 듣게 됩니다. 이 귀한 단어를 다음에 소개하는 예시를 통해 여러분의 언어로 만들어 보시기를 바랍니다.

"마음을 제대로 헤아리지 못하면 결국 넘겨짚게 되지."

"사람의 마음을 헤아릴 수 있는 사람이 결국 예쁜 말도 할 수 있는 거야."

"그 사람에 대한 결론을 먼저 정해 두고 바라보면 자꾸 넘겨짚게 된단다."

"속단하지 않고 충분히 생각한 후에 친구의 마음까지 헤아리는 네 모습이 멋지다."

먹다 / 즐기다

먹다 「동사」 「1」 음식 따위를 입을 통하여 배 속에 들여보내다.

즐기다 「동사」 「1」 즐겁게 누리거나 맛보다.

식사는 우리가 늘 반복하는 매우 중요한 행위입니다. 다시 말해서 이 두 어휘는 아이에게 매우 결정적인 영향을 미칠 수 있는 표현이기도 하죠.

보통은 식사를 할 때 아이들에게 이렇게 말합니다. "자, 이제 밥 먹자.", "모두 앉았으면 밥 먹어.", "오늘 점심은 잘 먹었니?" 그러나 이런 방식의 대화는 참 이상하게 그 이상으로 연결이 되지 않습니다. 대화의 진전이나 발전이 이루어지지 않죠. 이유는 간단합니다. 생각을 자극하는 표현이 아니기 때문이죠. 그렇다면 과연 어떤 말을 들려줘야 할까요? 식사는 매일 3회 이상 꼭 반복하는 중요한 행위라, 아이 삶에 더욱 도움이 될 수 있는 말을 들려주는 게 중요합니다.

먹다

'먹다'라는 말은 음식 따위를 입을 통하여 배 속에 들여보내는 과정을 표현한 단어입니다. 스스로 무언가를 느끼거나 주도적으로 할 수 있는 게 없습니다. 그러니 딱히 더 연결할 말이나 영감도 떠오르지 않습니다. 먹는다는 건 그저 입에 넣고 씹어서 넘기는 것만 반복하는 행위를 말하는 거니까요. 대화를 나눌 때도 마찬가지입니다. "과자 다 먹었어?"라고 물어보면, "응, 다 먹었어"라는 대답으로 모든 대화는 끝이 납니다. 생각을 확장해서 다양한 분야로 대화를 이어 나갈 수도 없죠.

즐기다

'즐기다'라는 표현은 매우 다채롭고 풍성합니다. 기계적인 소화가 아니라 감정을 묻는 표현이므로 상상력을 자극할 수 있죠. 음식을 예로 들자면, 그냥 입에 넣는 게 아니라 맛을 본 후 그 느낌까지 생생하게 표현하는 행위입니다. 주도적으로 시작하고 스스로 끝을 낼 수 있어서, 끝나고 나면 이런 식으로 어떤 기분이나 느낌이 남게 되죠. "그 음식 즐길 때 촉감이 정말 부드러웠지.", "다음에 즐길 때는 입에 좀 더 담아두고 싶다, 넘기기 아쉬워서."

일상 활용법

기계적인 과정을 묻는 사람에게는 결국 기계적인 답변만 하게 됩니다. 하지만 과정에서 느낀 감정을 묻는 사람에게는 같은 상황에서도 그 과정이 어땠는지를 말하게 되죠. 아이와 식사를 할 때는 '먹는다'라는 표현보다 '즐긴다'라는 말을 좀 더 자주 활용해 주세요. 그러면 아이에게서 짧고 무미건조한 대답이 아닌 세세한 느낌과 감정을 들어 볼 수 있을 겁니다.

"오늘 저녁도 멋지게 즐기자."
"학교에서 점심 식사는 잘 즐겼니?"
"오늘 어떤 음식을 즐기면 기분까지 좋아질까?"

"이번에 사 온 식재료는 어떻게 즐기는 게 가장 좋을지 한번 생각해 보자."

반응하다 / 대응하다

반응하다 「동사」 「1」 자극에 대응하여 어떤 현상이 일어나다.

대응하다 「동사」 「1」 어떤 일이나 사태에 맞추어 태도나 행동을 취하다.

아이가 방금 만든 새로운 장난감 이야기를 신나게 들려주고 있습니다. 그런데 부모가 만약 설거지에 집중하느라 건성건성 반응하고 있다면, 순간 아이의 기분이 어떨까요?

'반응'과 '대응'은 전혀 수준이 다른 말입니다. 만약 부모가 설거지를 멈추고 아이의 말에 귀를 기울이며 어떤 말을 어떻게 들려줘야 할지 조금만 생각해서 대응을 했다면, 아이와의 관계를 탄탄하게 다질 수 있었을 것입니다. 이게 바로 대응의 힘이죠. 반응이 순간적인 본능이라면, 대응은 생각과 생각이 겹쳐져 나오는 최선의 해결책입니다. 우리는 생각함으로써 세상을 좀 더 명확하게 볼 수 있죠. 일단 멈추면 상황을 명확히 볼 수 있고, 그런 과정을 통해 누구든 수월하게 반응에서 대응의 수준으로 나아갈 수 있습니다.

반응하다

차를 타고 아이와 함께 놀이동산에 가는 길이라고 가정해 봅시다. 좋은 기분으로 운전하며 가고 있는데, 갑자기 차 한 대가 무리해서 끼어듭니다. 그럼 여러분은 어떻게 '반응'하나요? 많이 참으려고 노력하지만, 때로 욕설이나 아이가 듣기에 나쁜 말을 섞어서 비난의 언어를 쏟아 내곤 합니다. 그러나 이내 후회하죠. 아이 앞에서 그런 모습을 보여주고 말았으니까요.

앞서 어떻게 '반응'하시냐고 물었죠. 반응이란 순식간에 내 안에서 나오는, 익지 않아 신 열매와 같은 '수준 낮은 어린 감정'입니다. 외부 자극에 대응하여 어떤 현상이 일어날 때 사용하는 말이죠. 본능에 충실한 감정이라, 모든 동물에게 공통적으로 나오는 가장 낮은 수준의 지성이라고 말할 수 있습니다.

대응하다

무언가를 자각하고 관찰한 후 해결책을 내는 과정에서 꼭 필요한 말이 바로 이 '대응하다'입니다. 어떤 일이나 사태에 맞추어 태도나 행동을 취할 때 사용하는 말이죠. 한 사람이 평생 쌓은 관찰력과 안목 등이 필요하기 때문에 매우 높은 시성을 요구하는 말이라고 볼 수 있습니다.

매년 신학기가 오면 많은 아이들이 긴장합니다. 새로운 친구와 관계를 맺어야 하는데, 이때 가장 중요한 게 바로 '어떻게 대응해야 하는가?'라는 문제입니다. 평소 부모님에게 가정에서 '대응하다'라는 말을 적절히 듣고 자란 아이는 새로운 사람과 환경 속에서도 자신의 길을 잘 찾아가죠. "이번에 생긴 문제에 너는 어떻게 대응할 생각이니?", "너만의 대응법이 있니?", "그렇게 대응하는 게 최선일까?" 이런 방식의 말을 통해서 삶에서 생기는 수많은 일에 적절하게 대응할 줄 아는 아이로 키울 수 있습니다.

일상 활용법

이제 여러분은 이러한 사실을 알게 되셨을 겁니다. 바로 '부모의 언어는 그대로 아이의 삶에 전파된다'라는 사실입니다. 학교에서 친구들과 제대로 관계를 맺지 못하는 아이들은 앞서 말했듯 가정에서 '대응하다'라는 표현을 적절하게 듣지 못했다는 공통점이 있습니다. 평생 들어본 적이 없거나 생각한 적이 없는 단어이니, 자기 삶에서 구현하거나 실천할 수도 없죠. 아래 예시를 통해 아이에게 반응과 대응의 정의와 가치를 알려 주세요.

"어떤 큰 문제도 시간을 두고 잘 대응하면, 어렵지 않게 해결할 수 있단다."

"급한 마음에서 나온 그런 식의 반응은, 오히려 문제를 키울 수 있어."

"오늘 학교에서 친구랑 다툼이 있었구나. 엄마가 생각해도 ○○이가 지혜롭게 잘 대응했네."

"저 사람은 왜 저렇게 기분 나쁘게 반응하는 걸까?"

당황하다 / 황당하다

당황하다 「동사」 놀라거나 다급하여 어찌할 바를 모르다.

황당하다 「형용사」 말이나 행동 따위가 참되지 않고 터무니없다.

'당황하다'와 '황당하다'는 미세하게 의미가 다른 말입니다. 여러분이 이해하기 쉽게 순서를 정해 설명하자면 당황이 먼저고, 황당은 그다음이라고 말할 수 있습니다. 예를들어서, 당신은 지금 시험을 보고 있습니다. 그런데 모두 열심히 풀어서 답안지 기입까지 마친 상태인데, 시험 종료를 알리는 소리와 함께 답을 밀려서 썼다는 사실을 뒤늦게 알게 되었죠. 그럼 우리는 이때 "당황스럽네!"라고 말할 수 있습니다. 그런데 놀랍게도 그렇게 제출한 답안지가 100점 만점이라는 결과로 돌아왔다면, 이번에는 '황당하다'라고 표현할 수 있겠죠. 간단하게 정리하자면, 놀라서 어찌할 줄 모를 때는 '당황하다'라는 말을, 터무니없는 상황이나 결과를 목격할 땐 '황당하다'라는 말을 씁니다.

당황하다

아이가 엉뚱한 질문을 하거나 짐작하지 못한 요구를 할 때, 여러분의 마음은 어떠신가요? 맞아요. 당황스럽죠. 짐작하지 못한 상황이나 말에 놀라거나, 다급하여 어찌할 바를 모를 때 우리는 '당황스럽다'라는 말을 꺼냅니다. 아이가 생각지도 못한 질문을 할 때는 당황스럽단 말이 무엇을 의미하는지 이렇게 아이에게 선명하게 전달할 수 있습니다. "네가 엉뚱한 질문을 해서 엄마 아빠가 당황스럽다.", "그런 요구는 생각하지 못했던 거라서 당황스럽네. 생각할 시간이 필요하겠어."

황당하다

'황당하다'라는 말은 아이 삶에 있어서도 매우 중요한 의미를 가진 말입니다. 아이가 성장해서 친구를 만나고 유치

원이나 초등학교에 입학하면, 어느날 잔뜩 흥분한 표정으로 이런 말을 하게 되죠. "엄마, 날 잘 모르는 한 친구가 나에 대한 나쁜 이야기를 하고 다닌다고 해요. 어쩌면 좋아요?" 이럴 때, "그런 황당한 소문은 잊고 지워 버리자. 사실이 아닌 황당한 말에 신경 쓸 필요 없단다"라는 말을 들려주면 됩니다. 말이나 행동 따위가 터무니없고 거짓에 가까울 때 이렇게 황당하다고 말할 수 있으며, 이 표현을 통해 아이는 못된 말이나 나쁜 생각에서부터 자신을 지킬 힘을 얻게 됩니다.

일상 활용법

아이는 부모를 자주 놀라게 합니다. 길을 잘 걷다가도 갑자기 넘어지고, 컵도 자주 떨어뜨려서 놀라게 하죠. 다시 정리하자면 이렇게 놀라서 어찌할 줄 모를 때는 아이에게 당황했다고 말할 수 있습니다. 하지만 갑작스레 놀란 상황이 아니라, 터무니없는 일을 겪거나 결과를 목격할 땐 황당하다고 이야기할 수 있습니다. 예시를 통해서 여러분의 말로 만들어 보세요.

"갑자기 열이 날 때는 당황하지 말고 최대한 빠르게 엄마한테 알려 주면 돼."

"저 사람이 하는 말 좀 들어 봐. 정말 어이가 없고 황당하지 않니?"

"아빠는 네가 그 장난감을 좋아하는 줄 알고 샀는데, 별로 좋아하지 않아서 당황스럽다."

"요즘 마트에 가서 식재료 가격을 보면 황당하다는 말이 저절로 나오는 것 같아."

대박 / 근사하다

대박 「명사」 어떤 일이 크게 이루어짐을 비유적으로 이르는 말.

근사하다 「형용사」「2」 그럴듯하게 괜찮다.

　어느 시점부터 우리가 정말 자주 사용하는 표현이 하나 있죠. 이 단어를 사용하지 않고는 예능 방송을 촬영할 수 없을 것 같다는 생각이 들 정도로 빈번하게 나오는, 바로 '대박'이라는 말이 그 주인공입니다. 아이와 식당에서 음식을 먹고 나오며 "대박! 맛있네.", 아이와 옷을 하나 사면서 "대박! 예쁘네.", 아이와 영화를 보고 나오며 "대박! 재밌었다"라고 말한다면 과연 아이가 무엇을 느낄 수 있을까요? 이 표현 자체가 나쁘다는 말이 아닙니다. 중요한 건, '대박'이라는 말이 우리가 섬세하게 표현해야 할 중요한 감정을 대체하고 있다는 사실입니다. 이 늪에 한번 빠지면 쉽게 나올 수 없습니다. 생각할 필요성을 느끼지 않게 만들 정도로 유혹적인 말이기 때문입니다.

대박

대박은 보통 '어떤 일이 크게 이루어지는 모습'을 표현하는 말로 쓰입니다. 다만, 이런 생각을 해 볼 필요가 있습니다. 크게 이루어지는 일의 분야는 정말 다양하고 그 크기도 서로 다른데, 수천 개로 표현해야 할 그 과정과 결과를 오직 '대박'이라는 말 하나로 대체하고 있다는 사실입니다.

살다 보면 다양한 사건을 접합니다. 낚시를 하다가 생각보다 커다란 물고기를 잡기도 하고, 달리기 시합에서 1등을 할 수도 있고, 70점을 예상했는데 운이 좋아서 90점이 나와 놀라기도 하죠. 그러나 대부분의 아이들이 이런 광경을 경험하며 바로 이렇게 외칩니다. "대박 사건!" 문제는 이런 아이들에게는 추억이 많지 않다는 사실입니다. 이유는 간단해요. 그 모든 근사한 추억을 '대박 사건'이라는 단어 하나로 통합해서 부르기 때문입니다. 그러다가 나중에는 어떤 일이 있었는지를 아예 잊고 맙니다. 이처럼 아이들에게 추억을 잃게 하고 섬세한 표현력 역시도 기르지 못하게 한다는 점이 '대박'이라는 말이 가진 한계입니다.

근사하다

빌음하는 것만으로도 이미 밀하는 사림의 기분이 좋아지는 말이 있습니다. 대표적인 말이 바로 '근사하다'라는 표현이죠. "그 옷 대박이야"라는 말과 "그 옷 정말 근사하다"라는 말을 한번 비교해서 읽어 보세요. 근사하다는 말을 하면 말하는 사람과 함께 듣는 사람의 기분까지도 근사해집니다. "그 옷 정말 근사하다. 네가 입으니까 훨씬 화려해진 것 같아." 이처럼 근사하다는 말은 그 자체로 기분도 좋게 해주고, 동시에 생각을 자극해서 순간의 느낌을 이렇게 섬세하게 표현할 수 있게 해줍니다.

일상 활용법

모든 질문에 "대박!"이라고 답한다면 그 아이의 삶은 결국 어떻게 될까요? 어떤 상황에서도 섬세한 표현을 하지 못하는 사람으로 성장하게 됩니다. 이게 중요한 이유는, 자신이 보고 듣고 느낀 모든 것을 상대에게 선명하게 표현하지 못하니 능력을 제대로 발휘하지 못한다는 점에 있습니다. '대박'이라는 말보다는 이런 방식으로 '근사하다'라는 말을 활용하시는 게 좋습니다.

"와, 지금 입은 옷 정말 근사하다."

"대박이라는 말보다 근사하다는 말을 사용하면, 좀 더 확실한 표현을 할 수 있어."

"방금 네가 한 말 참 멋지다. 기분까지 근사해지는 느낌이야."

"아침에 조금만 서둘러 일어나면 하루가 근사하게 바뀔 거야."

왜냐하면 / 그게 그거다

왜냐하면 「부사」 왜 그러냐 하면.

그게 그거다 「관용구」 어떤 사실이나 일이 서로 차이가 없다.

"엄마는 요즘 좀 피곤해. 왜냐하면 최근에 일이 좀 많았
거든.", "티셔츠가 그게 그거지, 그냥 아무거나 골라서 입
어." 여러분은 두 사례에서 어떤 말이 더 아이에게 긍정적
인 영향을 준다고 느끼나요? '왜냐하면'이라는 말이 들어
간 문장은 아이에게 좋은 영향을 미칩니다. '왜냐하면'이라
는 말이 앞에 나오면 뒤에 왜 그렇게 말했는지 설명해야 하
므로 좀 더 깊게 생각할 수 있습니다. 하지만 '그게 그거
다'라는 말은 반대로 아무런 생각도 하지 못하게 만듭니다.
늘 모든 것이 그게 그거라서, 어제의 햇살과 오늘의 햇살도

같고, 어제 먹은 밥과 오늘 먹은 밥도 모두 같다고 여기게 됩니다. 당연히 그런 둔감한 삶에 미세한 차이를 찾으려는 관찰과 몰입의 감각은 침투할 수가 없습니다. 생각의 크기가 점점 커지는 아이로 자라기를 바란다면 '왜냐하면'이라는 말을 자주 쓰는 게 좋습니다.

왜냐하면

자기 생각을 분명하게 표현하는 똑똑한 아이로 키우고 싶다면 반드시 활용해야 하는 말입니다. 이 표현은 뒷 문장이 앞 문장의 원인이 될 때 쓰는 말이라서 그렇죠. 반대로 해석하면 이렇습니다. '하나의 문장을 말하고, 뒤에 왜 그렇게 생각했는지 이유에 대해서 말한다.' 부모가 이런 식으로 대화에서 '왜냐하면'이라는 표현을 자주 사용하면 아이도 그게 습관이 됩니다. 먼저 의견을 내놓고 왜 그런 의견이 나왔는지에 대해서 논할 줄 알게 되죠. 여러분도 이미 경험으로 아시겠지만, 어떤 일에 대해 "이유가 뭐야?"라고 물으면, 제대로 답하는 아이가 생각보다 많지 않습니다. 명령을 통해 움직이는 삶을 살았기 때문에 아이는 자신이 왜 그런 선택을 해서 이걸 하고 있는지 생각해본 적이 없습니다. 하지만 '왜냐하면'이라는 말을 습관적으로 쓰면 전혀 다른 인생을 살게 됩니다. 부모의 한마디 말을 통해, 매일 자신을 똑똑하게 만드는 습관을 가질 수 있죠.

그게 그거다

맞아요, '그게 그거다'라는 말이 필요할 때도 있습니다. 하지만 이 표현은 아이가 자라나는 시기, 섬세한 감각을 키우는 데 심각한 방해가 됩니다. '그게 그거다'라는 말버릇을 가진 부모와 사는 아이들에게는 이것과 저것을 구분하고 발견하는 섬세한 감각이 없다는 공통점이 있습니다. "엄마, 우리 돈까스 뭐 주문할까?"라고 의견을 물을 때, "돈까스가 다 그게 그거지, 아무거나 주문해"라고 답한다면 어떨까요? 앞으로 아이는 세상의 어떤 일에서든 다른 부분을 찾으려고 하지 않을 것입니다. '그게 그거다'라는 말은 어떤 사실이나 일이 서로 차이가 없음을 뜻합니다. 아이가 다양성과 차이점을 인지하기도 전에 부모가 먼저 이런 표현을 사용함으로써, 아이가 할 수 있는 생각의 가능성을 제한하게 됩니다. 사실과 정보를 요하는 자리가 아니라면, 더욱 '왜냐하면'이라는 말을 사용해야 하는 이유입니다.

'왜냐하면'이라는 말은 천재들이 사랑하는 표현입니다. 자신이 왜 그렇게 생각했는지 그 이유를 설명할 때 쓸 수 있는 표현이라 그렇습니다. 하지만 '그게 그거다'라는 표현은 반대로 거의 생각을 하지 않고 사는 사람을 위한 표현이죠. 실제로 그게 그거라고 할 정도로 비슷하다고 할지라도 미세한 차이는 있기 마련이고, '왜냐하면'은 이를 발견하고 표현할 줄 아는 사람만의 것이니까요.

"그게 그거라는 말이 습관이 되면, 네가 느끼고 볼 수 있는 게 점점 적어져."

"라면을 먹을 땐 김치가 제격이지. 왜냐하면 조합이 정말 잘 어울리거든."

"엄마는 네가 실패해도 여전히 너를 사랑해. 왜냐하면 그럼에도 역시 넌 내 자랑스러운 딸(아들)이니까."

"뭔가 마음에 들지 않으면 바꿔 달라고 말해야 해. 왜냐하면 말로 마음을 표현하지 않으면 모르니까."

"시험에서 100점을 받았다고? 축하해, **정말** 잘 됐다."

_____

_____

_____

"**신중하게** 생각하면 더 좋은 답을 찾을 수 있지."

_____

_____

_____

"마음을 제대로 **헤아리지** 못하면 결국 **넘겨짚게** 되지."

_____

_____

_____

"오늘 저녁도 멋지게 **즐기자**."

———————————————————

———————————————————

———————————————————

"어떤 큰 문제도 시간을 두고 잘 **대응하면**, 어렵지 않게 해결

할 수 있단다."

———————————————————

———————————————————

———————————————————

———————————————————

———————————————————

"갑자기 열이 날 때는 **당황하지** 말고 최대한 빠르게 엄마한테

알려 주면 돼."

"아침에 조금만 서둘러 일어나면 하루가 **근사하게** 바뀔 거야."

"엄마는 네가 실패해도 여전히 너를 사랑해. **왜냐하면** 그럼에

도 역시 넌 내 자랑스러운 딸(아들)이니까."

2장

감정 어휘

대화가 따뜻해지고

아이의 마음을 이해하게 해준다

감정적이다 / 감성적이다

감정적 「명사」 마음이나 기분에 의한 것.

감성적 「명사」 「2」 감성이 예민하여 자극을 잘 받는 것.

감정은 주변의 어떤 일이나 사건을 바라보며 일어나는 마음의 변화를 말합니다. '슬프다', '기쁘다', '행복하다', '힘들다'와 같은 표현으로 정리할 수 있죠. 하지만 감성은 비슷한 표현처럼 느낄 수 있겠지만 그 방향이 전혀 다릅니다. 감성은 눈과 귀, 코와 입, 그리고 마음을 통해서 세상을 느끼는, 일종의 '지적인 센스'를 발휘하는 힘입니다. 다시 말해 감정적이라는 말은 '마음의 상태'를 나타내고, 감성적이라는 말은 '오감을 적극 활용하는 능력'이라고 할 수 있죠. 이 부분을 분명히 알고 있으면 아이에게 좀 더 확실하게 의미를 전할 수 있습니다.

감정적이다

무슨 일을 할 때 감정이 앞서는 사람에게 주로 사용하는 표현입니다. 이렇게 표현할 수 있죠. "넌 너무 감정적인게 문제야!", "그렇게 화를 먼저 내는 감정적인 사람에게는 믿음이 가지 않지." 이처럼 감정이 시시때때로 바뀌고 높낮이도 심해서 도무지 마음 상태를 짐작할 수 없는 사람에게 감정적이라고 말하곤 합니다. 감정적이라는 말의 어감이 좋게 들리지 않는 이유는, 감정이란 지극히 개인적인 것이라 공정하지 않거나 편파적이라는 인식을 주기 때문입니다. 아이에게는 감정적인 사람이 되지 않는 게 중요하다는 뉘앙스로 말의 의미를 전달하는 게 좋습니다.

감성적이다

'감성적'이라는 말이 좋은 가장 큰 이유는, 자신이 느낀 것을 말이나 글로 설명까지 할 수 있는 사람을 표현하기 때문입니다. 감정은 그 사람의 표정이나 행동만 봐도 쉽게 알 수 있지만 감성은 그렇지 않습니다. 감정은 겉으로 나타나는 것이고, 감성은 안에 있는 것이므로 꺼내서 보여줘야만 합니다. 그래서 감성적이라는 말을 듣는 아이는 주로 표현력이 좋습니다. 감성적인 아이는 자신이 보고 듣고 느낀 것을 말이나 글로 전달할 줄 압니다. 또 감성적이라는 말을 자주 듣고 자란 아이는 자연스럽게 표현력이나 문해력이 뛰어난 사람으로 성장합니다.

일상 활용법

물론 감정적인 게 나쁜 건 아닙니다. 인간에게 주어진 자연스러운 마음을 표현한 말이니까요. 단지 감정적이라는 말 자체가 나쁜 기운이 앞서는 뉘앙스를 주기 때문에 긍정적으로 들리지 않는 것뿐이죠. 그래서 '감정적'이라는 말은 아이의 단점이나 실수를 옳은 방향으로 이끌 때, '감성적'이라는 말은 아이가 잘한 부분이나 좋았던 지점을 칭찬할 때 활용하시면 좋습니다.

"너는 일을 너무 감정적으로 해결하려고 해."
"엄마한테 너무 감정적으로 대하는 거 아니니."

"'마음속에 무지개가 떴다'라고 표현할 수 있다니, 정말 감성적이구나."

"그런 말은 네 감성이 아니면 나올 수 없는 표현이야."

차분하다 / 조용하다

차분하다 「형용사」 마음이 가라앉아 조용하다.

조용하다 「형용사」 「1」 아무런 소리도 들리지 않고 고요하다.
　　　　　　　　　「2」 말이나 행동, 성격 따위가 수선스럽지 않고 매우 얌전하다.

　"너 참 차분하다.", "너 참 조용하다." 혼자서 조용히 놀고
있는 같은 아이를 보면서도, 이렇게 그 상황을 바라보는 사
람에 따라서 다르게 표현하곤 합니다. 하지만 이 두 표현
은 매우 다른 말입니다. 연상되는 이미지가 전혀 다르기 때
문인데요. "너 참 차분하다"라는 말은 칭찬으로 들려서 장
점처럼 인식이 되지만, "너 참 조용하다"라는 말은 내성적
이거나 활발하지 않다는 단점을 지적하는 말로 들려 상황
을 부정적으로 만들 수 있죠. 같은 상황이라도 어떤 말을
듣고 자라느냐에 따라 아이의 미래가 달라집니다. 그래서

두 단어는 분명히 구분해서 사용해야 합니다.

차분하다

'차분하다'라는 말 뒤에는 성격이나 품성, 혹은 태도와 같은 한 사람에 대한 내적 평가의 기준이 나옵니다. 차분하다는 말은 '마음이 가라앉아 평온한 상태'를 의미해서 그렇습니다. 그래서 더욱 듣는 아이로 하여금 좋은 기분을 느끼게 해주며, 앞으로도 그렇게 살아야겠다는 의지를 다질 수 있게 됩니다. 긍정적인 효과가 늘어나는 거죠. "어쩜 이렇게 차분하게 책을 읽고 있니.", "차분하게 주변을 관찰하는 모습이 근사하다." 이런 방식으로 아이의 상태에 '차분하다'라는 의미를 부여하면, 아이는 더욱 자신의 마음을 추스리고 평온한 상태를 유지하려고 노력할 것입니다.

조용하다

'조용하다'라는 말은 아무런 소리도 들리지 않는 고요한 상태를 표현하는 말입니다. "시끄럽게 떠들지 말고 조용히 앉아서 밥 먹으라고 했지!", "제발 아무런 일도 없이 하루를 좀 조용히 지나가면 안 되겠니!"라는 의미로 쓸 수 있죠. 또한, "넌 어쩌면 이렇게 조용하니?", "남자가 그렇게 조용하면 어디에 쓰니!"와 같은 비판이나 지적의 말로 쓰이기도 합니다. 말이나 행동이 번잡스럽지 않고 얌전한 상태를 말하기도 하지만, 사실 듣는 아이 입장에서는 아주 긍정적인 말로 느껴지지는 않습니다. 그래서 '조용하다'라는 말은 아이의 상태를 표현할 때보다는, 고요한 현상이나 상황 자체를 말하고자 할 때 쓰는 게 좋습니다.

일상 활용법

이렇게 한번 생각해 보세요. 평소 주변에서 "넌 왜 이렇게 조용하게 있니?"라는 말을 듣고 자란 아이가, 자신은 바꾼 게 하나도 없는데 "넌 참 차분하다"라는 말을 듣는 상황을 말이죠. 그럼 이 아이는 자기 성격을 완전히 다르게 생각할 것입니다. '이렇게 조용한 나를 어디에 써먹겠어'라는 자기비하가 아닌, '난 차분한 사람이니까, 뭐든 누구보다 완벽하게 관찰할 수도 있고 감정을 평화롭게 유지할 수도 있지'라는 긍정의 마음을 갖게 됩니다. 말수가 적은 아이에게 조용한 게 아니라 차분하다고 말해 주면, 같은 상황이라도 그 한마디 말로 아이가 자신을 대하는 마음까지 바꿀 수 있는 거죠. 이렇게 실생활에서 활용하시면 됩니다.

"사람이 많은데도 도서관이 참 조용하네."
"차분하게 생각에 빠져 있는 모습을 보면 참 듬직해!"
"어쩜 이렇게 차분하게 앉아 있을 수 있니?"
"이리저리 움직이지 않고 차분히 독서하는 모습도 멋져!"

느긋하다 / 늑장 부리다

느긋하다 「형용사」 마음에 흡족하여 여유가 있고 넉넉하다.

늑장 「명사」 느릿느릿 꾸물거리는 태도.

'느긋하다'와 '늑장 부리다'는 부모가 분명한 의미를 알고 아이에게 명확하게 들려줘야 하는 단어입니다. 느긋하다는 말은 '마음에 흡족하여 차분하고 넉넉한 여유 있는 모습'을 표현하지만, 늑장 부린다는 말은 '느릿느릿 꾸물거리는 게으른 태도'를 표현해서 그렇습니다. 차분하고 여유롭게 움직이는 아이에게 "늑장 부리지 말라고 했지"라는 말을 들려주면 아이는 혼란스럽겠죠. 느긋하다는 말은 스스로 자신의 하루를 제어할 수 있는 덕분에 차분하게 시간을 활용하는 사람에게 들려줄 수 있는 표현이고, 늑장 부린다는 말은 시간 개념이 없어서 게으른 아이에게 들려주면 된다고 생각하시면 됩니다. 혹시 지금 아이가 늑장 부리는 상황이라면 어떻게 해야 할까요? '느긋하다'는 말의 의미와 가치에 대해 알려 주며 '느긋한 하루'라는 공간으로 아이를 초대해 주시면 됩니다.

느긋하다

꼭 기억하셔야 할 건, 느긋하다는 말은 결코 느리다는 말이 아니라는 사실입니다. 느긋함은 오히려 자신의 하루와 시간을 제대로 제어하고 계획할 수 있는 덕분에 나오는 차분함으로, 넉넉하고 여유로운 일상을 보내는 모습을 표현한 말이죠. 또 한 가지 중요한 건 느긋하다는 말을 비아냥거리는 말투로 쓰면 안 된다는 것입니다. 그럼 아이는 느긋한 하루를 나쁘게 생각하게 되죠. 이 부분만 주의하시면 됩니다. 느긋하다는 말을 자주 듣고 자란 아이는 부모가 별로 개입하거나 가르칠 필요가 없습니다. 겉으로 느긋하게 보일 수 있다는 건, 아이가 하루를 농밀하게 보내고 있어 남들보다 오히려 더 생산적인 하루를 살아간다는 증거입니다.

늑장 부리다

이미 늦어서 마음이 급한데 마치 굼벵이처럼 느릿느릿 움직이는 아이의 모습을 보면 정말 답답합니다. 이를 늑장 부린다고 표현할 수 있지요. 그래서 늑장 부린다는 말은 반드시 고쳐야 할 아이의 모습을 표현한 말입니다. 분명 지각할 상황인데 빠르게 움직이지 않거나, 이미 학원에 늦었는데 전혀 의식하지 않고 게으름을 피울 때 쓸 수 있는 말이죠. 답답하게 미적대거나, 우물쩍거리며 시간을 낭비하는 모습을 표현한 말이라고 생각하시면 됩니다. 이런 말을 듣고 자라지 않는 게 가장 좋지만, 어쩔 수 없이 지금 이 말을 들어야 할 상황이라면 좀 더 분명한 의미로 말을 전달해야 아이가 현실을 자각하고 게으른 삶에서 벗어날 수 있습니다.

일상 활용법

아이에게 느긋하게 움직이는 삶의 가치를 알려준다는 건 쉽지 않습니다. 그래서 더욱 적절한 말이 필요하죠. 느긋함은 늑장과 무엇이 다르고 또 어떻게 하면 느긋하게 상황을 즐기며 살아갈 수 있는지, 아래 일상 활용법을 통해 확인해 보세요.

"철저하게 준비한 사람만이 <u>느긋하게</u> 결과를 기다릴 수 있지."

"그렇게 <u>늑장 부리고</u> 있으면 학교에 지각하겠다."

"여유는 그냥 나오는 게 아니야. 과정을 제대로 알아야, <u>느긋하게</u> 지켜볼 수도 있단다."

"어디에 간다고만 하면 꼭 화장실에 들어가서 <u>늑장 부리</u> <u>더라!</u>"

서투르다 / 낯설다

서투르다 「형용사」 「1」 일 따위에 익숙하지 못하여 다루기에 설다.
낯설다 「형용사」 「1」 전에 본 기억이 없어 익숙하지 아니하다.

    섬세하게 잘 골라서 써야 하는 표현입니다. 순서를 기억하시면 아주 좋습니다. '낯설다'라는 말은 무언가를 보거나 해 본 적이 없어 아예 경험이 없는 상태를 의미하고, '서투르다'라는 말은 경험은 있지만 아직 익숙할 정도로 반복하지는 못한 상태를 말합니다. 쉽게 말해, 아이가 무언가를 처음 접하는 상황에서는 '낯설다'라는 말을, 그 이후에는 '서투르다'라는 말을 사용할 수 있죠.

    이 표현을 쓸 때는 꼭 순서를 기억하세요. 부모가 그렇게 순서를 지키며 말을 제대로 사용하면, 듣는 아이도 혼란을

겨지 않고 차곡차곡 성장할 수 있습니다.

서투르다

'서투르다'라는 말은 이미 해 보거나 경험한 적은 있지만 충분히 반복하지 않아서 아직은 어떤 일에 익숙하지 못한 상태를 말합니다. "영어에 서투르다.", "걷기는 잘하지만 달리기는 서투르다.", "아직 서투르지만 연습하면 점점 익숙해질 거야"라는 식으로 활용할 수 있습니다.

아이는 아직 경험이 적기 때문에 어떤 일에 대한 세심함이 부족해서 곁에서 볼 땐 서투르다고 느낄 수 있죠. 그래서 '서투르다'라는 말은, 아이에게 꼭 필요한 일이지만 아직 충분히 반복하지 않아서 제대로 하지 못하는 일을 주제로 대화를 나눌 때 사용하시는 게 좋습니다.

낯설다

'낯설다'라는 말은 전에 본 기억이 없어 익숙하지 않을 때 주로 사용하는 표현입니다. 아예 처음 본 사물이거나 상황이라서 아이 입장에서는 경험이 없는 상태이지요. 당연히 사물이 눈에 익지 않아서 실수를 하게 됩니다. 그럴 때 아이의 힘든 마음을 위로하며 이런 방식으로 말한다면 더욱 좋습니다. "처음에는 원래 다 힘들어. 괜찮아, 낯설어서 그런 거야.", "시간이 지나면 괜찮아질 거야. 낯설게 느껴지는 것도 시간이 지나면 좋아져."

이런 부모의 한마디에 아이의 삶은 어떻게 바뀔까요? 다시 일어설 힘을 얻게 됩니다. 도전 정신이 강한 아이가 부모에게 어릴 때부터 자주 들었던 말이기도 하니, 아이가 유독 새로운 도전 앞에서 망설인다면 적극적으로 활용해서 들려주시는 게 좋습니다.

일상 활용법

비슷한 단어이지만 꼭 순서를 지켜서 활용해야 할 표현이 몇 가지 있습니다. 바로 이 경우가 그러한데요. '낯설다' 이후에 '서투르다'라는 말이 나올 수 있다는 사실을 꼭 기억하며, 아래의 말을 일상에서 활용해 주시면 됩니다.

"처음에는 누구나 낯설지. 하지만 시간이 지나면 서투른 과정을 거쳐서 익숙해지는 거야."

"시작하기 전에는 낯설어서 힘들어 보일 수 있어."

"괜찮아. 다시 한번 더 도전하면 서툰 과정을 지날 수 있단다."

"낯설지만 그럼에도 도전하는 네가 멋지다."

질투하다 / 부럽다

질투하다 「동사」 「2」 다른 사람이 잘되거나 좋은 처지에 있는 것 따위를 공연히 미워하고 깎아내리려 하다.

부럽다 「형용사」 남의 좋은 일이나 물건을 보고 자기도 그런 일을 이루거나 그런 물건을 가졌으면 하고 바라는 마음이 있다.

    '사촌이 땅을 사면 배가 아프다'라는 말이 있습니다. 그럼 하나 질문하겠습니다. 이 속담은 '질투'의 감정에서 나온 말일까요? 아니면 '부러움'의 감정일까요? 답은 질투입니다. 보통 우리는 질투와 부러움의 감정을 나누지 않고 같다고 생각하며 사용하곤 합니다. 하지만 완전히 다른 표현이죠. 상황에 대한 분명한 이해를 하고 있거나, 이해를 하려고 노력하는 사람은 '질투'라는 표현을 거의 사용하지 않습니다. 대신 그들은 '부럽다'라고 말하죠. 이 사실을 분명하게 알고 말할 때 어휘를 구분해 사용하시면, 아이에게 이해력과 분석력을 길러 줄 수 있습니다.

질투하다

주변에 있는 다른 사람이 나보다 잘되거나 좋은 처지에 있는 상태를 미워하고 깎아내리려는 마음을 의미합니다. 아주 못된 마음이죠. 왜 미워하고 깎아내리려고 할까요? 여기에는 분명한 이유가 있습니다. 바로 그들에게, 누군가 무엇을 해내기 위해 그간 '노력한 과정을 보는 눈'이 없어서 결과만 보고 판단하기 때문입니다. 이해력과 분석력을 종합해서 판단할 수 있는 안목이 없어 그게 질투로 연결되는 거죠. "자기가 뭔데! 그냥 운이 좋았던 거지.", "타고난 거야, 난 도저히 불가능해"와 같은 표현은 질투의 감정에서 나온 말이라, 듣는 아이에게까지 부정적인 영향을 미칩니다. 같은 상황에서도 '질투'의 감정이 들어간 표현을 자주 사용한다면, 아이는 과정을 보려고 하지 않고 껍데기나 결과만 보며 상황이나 사물을 성급히 판단해 버립니다.

부럽다

'부럽다'라는 말은 어떨까요? 타인에게 생긴 좋은 일이나 평소 갖고 싶었던 물건을 보면서 단순히 미워하고 깎아내리는 게 아닌, '나도 저걸 갖고 싶다.', '나도 저걸 해 보고 싶다'라고 생각하며 희망을 품을 때 나올 수 있는 표현입니다. 결코 부정적인 말이 아니며, 오히려 건강한 욕망이라고 부를 수 있을 정도로 아이들에게 꼭 필요한 감정입니다.

부럽다는 말을 하면 그 사람이 가진 결과가 아닌, 그 결과를 만들어 낼 수 있었던 치열한 과정이 눈에 보이기 시작합니다. 그리고 자기만의 것으로 만들 수 있죠. 그런 아이들은 어떤 상황에서도 본질을 바라보는 습관이 있어, 굳이 가르치거나 알려 주지 않아도 스스로 배우며 성장합니다. 일의 시작과 과정을 섬세하게 관찰하며 깨닫는 덕분에 살아가는 모든 나날이 곧 배움의 나날이 됩니다.

일상 활용법

질투의 말을 자주 듣고 자란 아이는 "저 친구는 공부 실력이 타고났어! 나는 도저히 할 수 없지"라고 말하며 스스로 포기하고 친구를 깎아내립니다. 반면 부러움의 표현을 자주 듣고 자란 아이는 같은 상황에서도 "나는 공부 잘하는 저 친구가 부럽다. 뭘 배우면 나도 저렇게 할 수 있을까?"라는 시선을 갖게 되니, 자연스럽게 과정에 충실하게 임하고 날마다 새로운 것을 배울 수 있습니다. 아이에게 이런 방식의 말로 '질투하다'와 '부럽다'라는 말을 나눠서 알려 주고 그 가치를 전해 주세요.

"저 친구는 저 책을 다 읽으려고 얼마나 노력했을까? 정말 부럽다."

"부러우면 지는 게 아니라, 반대로 부러워야 이기는 거야. 그래야 하나라도 더 배울 수 있잖아."

"와, 진짜 부럽네. 엄마도 저렇게 탄탄한 몸을 갖고 싶다."

"공부 잘하는 아이를 질투하지 말고, 어떻게 하면 공부를 잘할 수 있을지 한번 생각해 보자."

당당하다 / 건방지다

당당하다 「형용사」「1」 남 앞에 내세울 만큼 모습이나 태도가 떳떳하다.

건방지다 「형용사」 잘난 체하거나 남을 낮추어 보듯이 행동하는 데가 있다.

특히 마음의 힘이 다소 약한 아이의 내면을 탄탄하게 해 주고 싶다면, 더욱 섬세하게 사용해야 할 표현입니다. 아이가 부모에게 "난 너의 당당한 모습이 참 멋지다고 생각해"라는 말을 듣는 것과 "넌 왜 늘 이렇게 건방지니!"라는 말을 듣는 건 전혀 다른 느낌이기 때문입니다. 부모가 조금만 시야를 확장하고 넓은 마음으로 아이를 바라볼 수 있다면, '건방지다'라는 표현을 최대한 덜 사용하면서 아이와 효율적인 대화를 나눌 수 있습니다. 조금만 시선을 돌려 아이의 말과 삶에서 좋은 부분을 찾아낼 수 있다면, '건방지다'가 아닌 '당당하다'라고 말할 수 있는 지점을 포착할 수 있으니까요.

당당하다

'당당하다'라는 말은 남에게 내세울 정도로 근사한 무언가를 보여줄 때 할 수 있는 표현입니다. '당당한 표정', '당당한 태도', '당당한 체격' 등이 적절한 예가 될 수 있겠죠.

여기에 반드시 점검해야 할 중요 포인트가 하나 있습니다. '당당하다'라는 표현이 아이의 생각과 마음의 성장에 좋은 이유는, 아이가 타고난 부분이 아닌 아이의 작은 노력까지도 칭찬하고 언급할 수 있는 말이라는 사실입니다. 미세하게 성장한 부분까지 언급하며 격려할 수 있으니 아이의 성장에 더 긍정적인 영향을 줄 수 있습니다.

건방지다

'건방지다'라는 말은 '잘난 체하는 사람'이나 '남을 낮추어 보듯이 행동하는 사람'을 표현하는 말입니다. 예를 들자면 이렇게 말할 수 있죠. "그건 너무 건방진 말이야.", "건방진 태도 고치라고 했지!", "누가 어른들에게 그렇게 건방지게 굴라고 했어." 아이가 살면서 반드시 지켜야 할 규칙이나 예절에 어긋나는 행동을 했을 때는 냉정하게 "그건 네가 반드시 고쳐야 할 건방진 부분이야"라고 말할 수 있어야 합니다. 고쳐야 할 부분을 제대로 말해 주어야, 그 외 일반적인 상황에서 '당당하다'라는 말을 적용해 아이와 좀 더 생산적으로 대화를 나눌 수 있습니다.

일상 활용법

아이들은 아직 힘이 무엇인지 제대로 알지 못합니다. 그냥 목소리만 크면 그게 당당한 거라고 착각할 수 있습니다. 이때 '당당하다'와 '건방지다'라는 표현을 통해서 아이들에게 진실한 힘이란 무엇이며 그 힘이 어디에서 오는지도 알려줄 수 있습니다. 아래에 소개하는 표현을 잘 활용하면 왜 우리가 당당하게 살아야 하고, 그게 건방진 것과 어떻게 다른지 알려 줄 수 있습니다.

"그렇게 주눅 들어 있을 필요 없어. 당당하게 네 생각을 말해 봐."

"어떤 자리에서든 당당한 자세와 태도를 보여 주는 네 모습이 참 훌륭해."

"당당한 태도와 건방진 태도는 많이 달라. 조용히 자신의 일을 해도 충분히 당당할 수 있지."

"어른들에게 그렇게 말하는 건 매우 건방진 행동이야."

통쾌하다 / 후련하다

통쾌하다 「형용사」 아주 즐겁고 시원하여 유쾌하다.

후련하다 「형용사」 「1」 좋지 아니하던 속이 풀리거나 내려서 시원하다.

'통쾌하다'와 '후련하다'라는 말은 방향이 서로 다른 표현입니다. 먼저, '통쾌하다'라는 말은 밖을 향하는 말이죠. 이를테면 누군가를 이기거나 복수를 했을 때 사용할 수 있는 말입니다. 쉽게 예를 들면 이렇습니다. 영화나 드라마에서 주인공이 악인을 물리치고 승승장구할 때, 그 모습이 '아주 즐겁고 시원하여 유쾌하다'라는 의미로 사용합니다. 반면, '후련하다'라는 말은 안을 향하는 말입니다. 좋지 않았던 내 속이 풀리거나, 풀지 못하던 문제를 내가 풀거나, 내 안의 답답한 것들이 사라질 때 사용하는 말입니다. 자신이 주체가 되어 움직이는 거라는 특징이 있죠.

통쾌하다

'통쾌하다'라는 말은 앞서 설명한 것처럼 밖을 향하는 말입니다. 내가 동작의 주체가 아니라는 것이 핵심이죠. 그래서 아이에게 조금은 부정적인 영향을 줄 수 있으니 조심하는 게 좋습니다. 세상의 지탄을 받을 만큼 나쁜 행동을 했거나 그럴 만한 상황에 있는 사람이라 해도, 그 사람이 쓰러지거나 당한 고통을 바라보고 웃고 즐거워하며 통쾌한 감정을 느끼는 것이 아이에게 추천하며 권할 만큼의 감정은 아니기 때문입니다. 너무 자주 통쾌하다고 말하다 보면, 누군가 잘되지 않는 걸 쉽게 바라거나 질투만 하는 사람으로 자랄 수도 있으니, 꼭 말해야 할 상황에서만 말하시기를 바랍니다.

후련하다

'후련하다'라는 말은 스스로 주도하는 일상에서 나올 수 있는 말이라 아이 삶에 좋은 영향을 미칩니다. 소화가 되지 않는 답답한 속을 해결하기 위해서 약을 먹거나 운동을 해서, 혹은 풀리지 않는 문제를 해결하려고 멈추지 않고 시도하면서, 원하는 결과를 스스로 만들었을 때 후련하다고 말할 수 있죠. 말은 결국 아주 사소한 것들이 하나하나 모여서 의미 있는 결과에 도달합니다. 현재 자신이 갖고 있는 문세를 인지하고, 그걸 해결하려고 스스로 움직인 사람만이 후련하다고 말할 수 있습니다. 이를 잘 간파하시고, 아이와 나누는 일상에서 멋지게 활용해 주세요.

일상 활용법

통쾌하다는 말이 나쁘다는 것이 아닙니다. 분명히 긍정적으로 사용할 수 있습니다. 다만 그 흐름이 질투나 복수로 흐르지 않게 잡아 주시면 됩니다. 또한, 후련하다는 말은 앞서 말한 것처럼 관찰과 실천력에 매우 중요한 역할을 하는 표현이니 적극적으로 활용해 주시면 됩니다.

"밀린 숙제를 모두 다 끝내니 속까지 아주 후련하다."
"평소에 친구들한테 그렇게 못되게 구니까 선생님께 야단맞지. 통쾌하네!"

"시험이 끝나니 마음이 아주 <u>후련하지</u>?"

"악당에게 벌을 주는 주인공을 보면 늘 <u>통쾌해</u>."

"그런 말은 네 **감성**이 아니면 나올 수 없는 표현이야."

"**차분하게** 생각에 빠져 있는 모습을 보면 참 듬직해!"

"철저하게 준비한 사람만이 **느긋하게** 결과를 기다릴 수 있지."

"처음에는 누구나 **낯설지**. 하지만 시간이 지나면 **서투른** 과정

을 거쳐서 익숙해지는 거야."

"저 친구는 저 책을 다 읽으려고 얼마나 노력했을까? 정말 **부**

럽다."

"그렇게 주눅 들어 있을 필요 없어. **당당하게** 네 생각을 말해

봐."

"밀린 숙제를 모두 다 끝내니 속까지 아주 **후련하다**."

섬세하다 / 예민하다

섬세하다 「형용사」 「1」 곱고 가늘다.

「2」 매우 찬찬하고 세밀하다.

예민하다 「형용사」 「1」 무엇인가를 느끼는 능력이나 분석하고 판단하는 능력이
빠르고 뛰어나다.

「2」 자극에 대한 반응이나 감각이 지나치게 날카롭다.

　　같은 상황에서도 우리는 가끔 이 두 표현을 혼용해 사
용할 때가 있습니다. 이는 매우 큰 실수죠. 여러분은 어떤
표현이 마음에 드시나요? "너 왜 이렇게 예민하니?", "너 참
섬세하다." 전자의 표현을 좋아하는 사람은 거의 없을 겁
니다. '섬세하다'라는 말은 매우 침착하고 세밀하게 상황을
분석하거나 사람의 마음을 헤아리는 모습을 표현하는 반
면, '예민하다'라는 말은 외부에서 오는 자극에 대한 반응
이나 감각이 지나치게 날카롭고 감정적일 때를 말하기 때
문입니다. 물론 예민하다는 말에도 긍정적인 부분이 있습

니다. 지금부터 그 미세한 차이에 대해 알아보겠습니다.

섬세하다

'곱고 가늘다'라는 사전 설명이 말해 주듯, 섬세하다는 말에는 감각이 여기저기로 세밀하게 뻗어 있어 남들이 미처 찾지 못하는 감정과 영감을 꼼꼼하게 찾아낸다는 의미가 녹아 있습니다. "넌 말도 참 섬세하게 하는구나.", "너의 섬세한 생각을 듣고 있으면 마음까지 따뜻해져." 이처럼 섬세하다는 말이 들어가면 저절로 표현이 아름답고 따뜻하게 변합니다. 단점 속에서도 장점을 찾아내며, 온갖 불행한 환경에서 희망을 찾아내기도 하죠. 아이에게 가능성이라는 커다란 재산을 선물할 수 있는 좋은 표현이니 적극 활용하시길 추천합니다.

예민하다

"그렇게 예민하게 반응하면 너만 힘들어져"와 같은 방식으로, 지나치게 날카롭게 반응하는 상황에서 자주 쓰는 말입니다. 하지만 한편으로는 무엇인가를 느끼거나 판단하는 능력이 빠르고 뛰어날 때도 사용하는 표현입니다. 다만 '섬세하다'라는 말과 비교해 조금은 부정적인 것을 느끼는 감각이 발달했을 때 주로 하는 말이죠. 예를 들자면 이런 것들이 있습니다. "동물은 대부분 후각이 발달해서 지독한 냄새에 예민하게 반응하지.", "건강 문제에 하나하나 너무 예민하게 굴면 사는 게 힘들어져."

일상 활용법

표현에는 좋고 나쁨이 없습니다. 필요할 때 적절하게 활용하는 게 가장 좋죠. 다만 예민하게 생각할 수 있는 어떤 최악의 상황에서도 아이가 섬세한 눈을 갖고 있다면, 그 안에서 희망과 가능성을 찾아낼 수 있다는 사실만 기억해주세요. 늘 예민한 시선으로 바라보던 사물을 섬세한 시선으로 바꿔서 바라보면 긍정적인 부분을 발견할 수 있게 되죠. 그래서 더욱 이 두 가지 표현은 아이 삶에 중요한 영향을 미칩니다. 활용에 따라서 이렇게 구분할 수 있으니 참고해주세요.

"너의 섬세한 마음이 주변 사람을 참 편안하게 해줘."

"남들은 발견하지 못한 것들을 ○○이는 참 <u>섬세하게</u> 찾아내는구나."

"친구들이 하는 모든 말을 <u>예민하게</u> 받아들일 필요는 없단다."

"그건 지금 너무나 <u>예민한</u> 일이라 함부로 말할 수 없어."

부끄럽다 / 쑥스럽다

부끄럽다 「형용사」「1」 일을 잘 못하거나 양심에 거리끼어 볼 낯이 없거나 매우 떳떳하지 못하다.

쑥스럽다 「형용사」 하는 짓이나 모양이 자연스럽지 못하여 우습고 싱거운 데가 있다.

비슷한 말이라고 생각해서 아무거나 생각나는 대로 사용하게 되는 대표적인 표현입니다. 하지만 분명히 서로 다른 역할을 맡고 있는 말이죠. '부끄럽다'라는 말은 아이가 예절에 맞지 않는 행동이나 못된 말을 했을 때, 혹은 거짓말이나 길에 쓰레기를 버리는 행동을 했을 때 들려줘야 하는 말입니다. 그리고 '쑥스럽다'라는 말은 아직 익숙하지 않아서 무언가를 하는 게 자연스럽지 않을 때, 비판이나 비난이 아닌 격려의 의미로 들려주면 아이 성장에 아름다운 역할을 할 수 있는 말이죠. 잊지 마세요. 말은 듣는 아이가 혼란스럽지 않도록 제대로 골라서 써야 합니다.

부끄럽다

'부끄럽다'라는 말은 아이 삶에 참 중요한 역할을 합니다. 부끄러움을 아는 사람으로 산다는 건, 인간에게 매우 중요한 의미이기 때문입니다. 반성할 수 있고, 더 나은 선택을 구상할 수도 있죠. 아이의 어떤 행동이 떳떳하지 못한 것이거나, 거짓말 등 누군가를 속이는 말을 했을 때 반드시 "그건 부끄러운 행동이야"라고 말해 줘야 합니다. 나쁜 말과 행동은 그때그때 적절한 말로 알려 줘야 아이도 자각할 수 있습니다. 아이가 반복해서 나쁜 말과 행동을 하는 이유는 의도적인 것이 아니라, 부모가 제때 알려 주지 않아 그게 나쁜지 몰라서 그런 경우가 많습니다. 그러니 부끄러운 말과 행동을 했을 때 그 사실을 말해 주는 건 지적이 아닌 아름다운 안내라고 생각하시면 됩니다.

쑥스럽다

"남자가 왜 그래, 뭘 그렇게 쑥스러워 해?"라는 말은 아이에게 폭력입니다. 말로 던지는 폭탄은 아이 삶 전체에 엄청난 영향을 미친다는 사실을 기억해 주세요. 부모라면 '쑥스러움'에 대한 분명한 정의를 할 수 있어야 합니다. 쑥스러움은 성향의 문제가 아니라, 하는 말이나 행동이 아직 익숙하지 않아서 자연스럽지 않을 때 사용하는 표현입니다. 놀리거나 닷할 때 쑥스럽다는 표현을 하면 아이는 마음의 상처를 받습니다. 비난이나 탓을 하지 마시고, "쑥스럽니? 괜찮아. 익숙하지 않아서 그래"라는 식의 말로 아이를 격려해주세요. 그럼 아이는 조금 더 용기를 내서 도전해, 마침내 쑥스러운 상태에서 스스로 벗어날 수 있습니다.

일상 활용법

중요한 건 혼동하지 않고 적절하게 활용하는 것입니다. 스스로 떳떳하지 못한 일을 했을 때 "그건 부끄러운 일이야"라고 말해 주면 되고, 익숙하지 않아서 서툰 모습을 보일 땐 "많이 쑥스럽니? 점점 나아질 거야"라는 말을 들려주시면 됩니다. 이 간단한 원칙만 담고 있으면 언제든 이런 방식으로 활용이 가능합니다.

"길에 쓰레기를 버리는 건 정말 <u>부끄러운</u> 일이야."

"처음에는 좀 <u>쑥스럽겠지만</u>, 자주 반복하면 익숙해져."

"예절을 지키지 않았다면 <u>부끄럽게</u> 생각해야 해."

"앞에 나가서 발표하는 게 좀 <u>쑥스러워도</u>, 하다 보면 자신감을 갖게 돼."

설레다 / 불안하다

설레다 「동사」「1」 마음이 가라앉지 아니하고 들떠서 두근거리다.

불안하다 「형용사」 ① 「1」 마음이 편하지 아니하다.

'설레다'와 '불안하다'라는 마음은 '여기저기로 움직인다'라는 측면에서 보면 공통점이 있습니다. 다만 '설레다'라는 말은 마음이 좋은 방향으로, 반대로 '불안하다'라는 말은 좋지 않은 방향으로 움직인다는 점이 큰 차이죠. 그래서 더욱 잘 구분해서 상황에 맞게 사용하셔야 합니다.

신학기에 새로운 친구들을 만나게 되어 좋은 마음을 품고 있는 아이에게 "새로운 친구들을 만날 생각을 하니 마음이 불안하니?"라는 말을 들려주면 어떨까요? 아이는 이런 말을 하는 상황을 이해할 수도 없고, 자칫 새로운 친구를 만나는 건 불안한 일이라고 여길 수 있습니다. 희망으로 가득한 아이에게는 '설레다'라는 말로 좋은 기분을 선물하고, 걱정하고 있는 아이에게는 '불안하다'라는 말로 격려와 위로의 마음을 전해야 합니다.

설레다

상황이나 사람에 대한 좋은 마음과 기분을 표현할 때 사용하면 적절한 말입니다. 어떤 일이나 상황 속에서 마음이 가라앉지 않고, 붕 뜬 기분이 느껴질 때 설렌다고 하죠. 아이들에게 말할 땐 마음이 여기저기로 자꾸만 움직이는 상태를 표현한다고 생각하면 좀 더 수월합니다. 이런 식으로 말할 수 있겠죠. "내일 여행을 떠난다고 생각하니 마음이 설레서 잠이 오지 않는구나?", "새 학기 새로운 친구들을 만날 생각에 설레서 아침에 일찍 일어났구나." 중요한 건, 좋은 마음과 기분을 표현할 때 설렌다는 말을 들려주면 아이에게 희망과 바람을 갖게 해줄 수 있다는 사실입니다.

불안하다

주로 마음과 몸이 불편할 때 사용하는 표현입니다. 보통 부정적인 상황이나 결과가 예상될 때, 이런 방식으로 사용할 수 있겠죠. "시험 결과가 안 좋게 나올까 봐 마음이 불안하니?", "마음이 불안하니까 밥도 잘 넘어가지 않는구나." 불안하다는 표현은 적절히 사용하면, 힘든 일을 겪거나 걱정하고 있는 아이 마음을 위로하고 격려할 수 있습니다. 이때 "거봐!", "엄마가 그러니까 뭐랬어!", "쌤통이다!"라는 말과 함께 사용하면 부정적으로 들릴 수 있으니 조심해야 합니다. 같은 말도 "시험 결과가 안 좋게 나올까봐 마음이 불안하니?"라고 말하는 것과 "거봐! 그러니까 공부를 했어야지. 안 하니까 불안하잖아!"라고 말하는 건 전혀 다르게 들립니다.

일상 활용법

생각하지 않고 그냥 말하면 혼란스럽게 느껴질 수 있는 표현입니다. 아직 감정 표현에 서툰 아이들은 '설레는 마음'과 '불안한 마음'을 쉽게 구분하기 어려우니까요. 이때 다음의 예를 들어서 설명하면 아이에게 무엇이 설레는 마음이고, 또 무엇이 불안한 마음인지 알려 줄 수 있습니다.

"내일이 기대되는 마음은 '설렌다'라고 표현하고, 내일이 걱정되는 마음은 '불안하다'라고 하는 거야."

"엄마는 ○○이가 학교에서 돌아오는 시간이면 마음이 설렌단다."

"불안한 마음이 들 때는 차분하게 심호흡하면 괜찮아져."

"곧 눈이 온다고 생각하니 마음이 설렌다!"

강직하다 / 고지식하다

강직하다 「형용사」 마음이 꼿꼿하고 곧다.

고지식하다 「형용사」 성질이 외곬으로 곧아 융통성이 없다.

프롤로그에서 잠시 언급했던 말입니다. 이번에는 좀 더 자세하게 설명하면서, 어떤 차이가 있는지 전해드리겠습니다.

한 아이가 매일 한 시간 이상 독서를 하겠다는 계획을 세우고, 대견하게도 방학 내내 어떤 유혹이 생겨도 지키고 있습니다. 그런데 그걸 본 부모가 뿌듯한 표정으로 아이에게 이렇게 말합니다. "우리 아이는 한번 말한 건 반드시 지킨다니까, 참, 고지식하기도 하지."

맞아요. '강직하다'라고 말해야 하는데, '고지식하다'라고 잘못 말한 거죠. 이렇게 전혀 다른 의미가 느껴지는 부정적인 말을 잘못 사용하면 그걸 들은 아이도 혼란스럽게 됩니다. '어떤 유혹이 와도 흔들리지 않고 책을 읽으며 원칙을 지키는 것이 고지식한 것이구나' 하고 생각하게 되니까요. 그럼 그런 행동을 다시는 하지 않게 되겠죠. 이처럼 어휘를 제대로 알고 말하는 것은 아이의 인생을 바꿀 정도로 중요한 일이니 꼭 읽고 마음에 담아 적절히 활용해 주세요.

강직하다

아이에게 '강직하다'라는 말은 '의젓하다', '의연하다'와 유사한 의미로 매우 귀한 칭찬입니다. 세상의 바람과 온갖 유혹에서도 자신의 마음을 지킬 수 있어서, 흔들리지 않고 처음 뜻한 것을 실천하는 사람을 말하죠. 아이의 마음이 꼿꼿하고 곧다고 느낄 때마다 이런 방식으로 그 마음을 표현하는 게 좋습니다. "누가 뭐라고 해도 반드시 지킬 건 지키는 강직한 성격이 네 매력이지!", "원칙을 지키는 네 그런 강직한 모습이 참 멋져." 이렇게 아이를 칭찬하고 격려할 수 있다면, 좀 더 힘을 내서 사춘기 이후로도 중심을 꼭 잡고 흔들림 없이 자신의 시간을 보낼 수 있습니다.

고지식하다

좋은 의미로 해석할 수도 있습니다. 하지만 '해석'이라는 노력이 필요한 만큼 그냥 듣기에는 매우 기분이 나쁜 말입니다. 저절로 '요즘 사람 같지 않게 고지식하다'라는 의미가 연상이 되기 때문이죠. 과거를 답습하는 사람이라는 생각이 들기도 하고, 성질이 외곬으로 곧아 융통성이 없다는 느낌을 표현할 때 자주 쓰는 말입니다. 간혹 아이들이 자신의 부모를 말할 때, "우리 아버지는 엄격하신 게 아니라 고지식하다"라고 말하기도 하죠. 지켜야 할 것을 지키는 건 엄격한 것이지만, 바꿔야 할 것들까지 지키는 건 고지식한 것입니다. 이 차이점을 잘 알고 말하는 게 좋아요. 특히 아이들을 보며 "넌 요즘 아이답지 않게 참 고지식하다"라고 말하는 부모님이 가끔 있는데, 앞선 사례에서 봤듯 고지식하다는 말은 현재 좋은 의미로는 사용되고 있지 않으니 주의할 필요가 있습니다.

일상 활용법

'강직하다'라는 말은 특별히 사춘기 이후의 아이를 단단하게 지켜줄 수 있는 표현이기도 합니다. 마음이 꼿꼿하고 곧다는 것은 내면이 자꾸만 흔들리는 사춘기를 지혜롭게 보내게 해줄 수 있으니까요. 사춘기를 맞이하기 이전부터 '강직하다'와 같은 유사한 말을 자주 들려주면서 내면을 단단하게 다져 줄 수 있다면, 사춘기 이후의 걱정을 조금 덜 수 있습니다.

"마음이 <u>강직한</u> 사람은 덜 흔들리면서 더 많이 성취할 수 있지."

"충분히 유연하게 생각할 수 있는 문제인데도, 한 가지 방법만을 고집하는 건 <u>고지식한</u> 거라고 할 수 있지."

"너를 보면 겉으로는 부드럽지만 속은 <u>강직해서</u> 더 믿음직하고 의젓하게 느껴져."

"<u>강직한</u> 사람은 자기만의 원칙을 세우고 지키지. 말처럼 쉬운 일이 아니라서 더 가치가 있어."

의기소침하다 / 무기력하다

의기소침하다 「형용사」 기운이 없어지고 풀이 죽은 상태이다.

무기력하다 「형용사」 어떠한 일을 감당할 수 있는 기운과 힘이 없다.

"너 왜 이렇게 의기소침하니?", "너 요즘 무기력해 보인다?" 어떤가요? 비슷한 말처럼 느껴지지만, 사실 너무나 다른 의미를 품고 있는 단어입니다. 생각해 보세요. 비록 약하고 어리지만 아이에게 성장 가능성이 있는 이유는 그 안에 희망이 가득 있어서입니다. 그런데 '무기력'이라는 말에는 희망이 없습니다. 아무것도 하지 않은 상태이며, 또 아무것도 할 생각 없는 최악의 상태를 표현한 말이라서 그렇습니다. 그래서 아이의 성향이나 태도를 논할 때는 "우리 아이는 너무 무기력해요"라고 말하지 않는 게 좋습니다. '무기력'이라는 말은 듣는 사람에게 더욱 깊은 무기력을 부르기 때문입니다. 부모의 언어는 아이에게 있는 희망이라는 씨앗이 피어나도록 해주는 태양과 물의 역할을 해야 합니다. 아이에게 힘이 될 수 있는 말을 들려주세요.

의기소침하다

"왜 그렇게 의기소침하니?"라고 물을 때, 아이 입에서 주로 어떤 이야기가 나오나요? 한번 생각해 보세요. 정말 중요한 부분입니다. 같은 상황에서도 부모가 어떤 어휘를 써서 질문을 했느냐에 따라 아이 입에서 나오는 답은 완전히 달라지죠. 아마 이런 답이 나올 겁니다. "이번 시험 정말 열심히 준비했는데, 점수가 낮아서 그래.", "친한 친구가 갑자기 나랑 놀지 않는다고 하네." 이런 아이의 답에는 무언가를 했다는 공통점이 있습니다. 공부를 열심히 했고 우정을 열심히 쌓았죠. 그래서 의기소침하다는 말은 부정적인 어휘가 아닙니다. 무언가를 열심히 했다는 증거라서 그렇죠. 단지 기운이 없고 풀이 죽은 상태일 뿐, 그 안에 여전히 희망이 있습니다.

무기력하다

'무기력하다'라는 말이 무서운 이유는 희망이 없는 상태이기 때문입니다. 무슨 일이든 감당할 수 있는 기운과 힘이 없어서, 어떤 작은 일도 시작할 수 없고 감당할 수 없을 때 '무기력한 상태'라고 말합니다. 생명력이 전혀 없는 상태라서, 아이에게 말할 때는 정말 조심해야 하죠. "너 요즘 표정이 너무 무기력하다. 무슨 일 있니?" 이런 사소한 표현도 좋지 않습니다. 물론 아이를 걱정하며 한 말이지만, '무기력'이라고 표현했기 때문에 부모가 스스로 나서서 아이 안에 있는 무언가 하려는 작은 희망까지 지운 결과가 되니까요.

무기력하다는 말은 아이에게 하기보다는, 이런 방식으로 부모 자신이 스스로의 삶을 돌아볼 때 활용하는 편이 좋습니다. "요즘 내 삶이 좀 무기력한 것 같은데, 벗어날 방법이 없을까?", "지금 내가 이렇게 무기력한 상태로 있을 때가 아닌데, 어떻게 하면 활기를 되찾을 수 있을까?" 이렇게 무기력하다는 말을 부모가 자기 삶을 돌아볼 때 활용하면, 내 안에서 해결책을 찾을 수 있는 계기로도 사용할 수 있습니다.

아래의 예시를 적절히 활용하면, 왜 우리가 의기소침한 상태에 놓이게 되고 또 그런 상태에서 어떻게 하면 벗어날 수 있는지 아이에게 자연스럽게 설명하고 알려 줄 수 있습니다. 또한 그런 과정을 통해 무기력함이 우리에게 얼마나 나쁜 영향을 미치는지도 저절로 깨닫게 되니, 아이가 희망을 잃고 힘없이 시간을 보낼 때 들려주며 격려해 주시면 좋습니다.

"왜 이렇게 의기소침해 있어? 학교에서 무슨 일 있었어?"

"원하던 결과가 아니라서 의기소침해졌니? 괜찮아. 열심히 했는데 잘 되지 않으면 그럴 수 있어."

"지금 의기소침한 상태라 아무런 힘이 나지 않는가 보구나. 그럴 땐 일단 뭐라도 한번 시작해 보는 거야."

"실패를 걱정하지 않고 도전하면 무기력한 상태에 빠지지 않을 수 있지."

아쉽다 / 섭섭하다

아쉽다 「형용사」「1」 필요할 때 없거나 모자라서 안타깝고 만족스럽지 못하다.
　　　　「2」 미련이 남아 서운하다.

섭섭하다 「형용사」 ② 기대에 어그러져 마음이 서운하거나 불만스럽다.

　'아쉽다', '섭섭하다'라는 두 표현은 대충 보면 같은 말처럼 느껴지지만 분명한 차이가 있습니다. '아쉽다'는 자신의 행동이나 상황 때문에 실망 또는 미련이 생길 때 쓰는 말입니다. 하지만 '섭섭하다'는 다른 사람이나 상황 때문에 실망스러운 느낌이나 감정이 생길 때 쓰는 말이죠. 감정이 출발한 위치가 다른 것입니다. 아이가 안아 달라며 서럽게 울 때는 "엄마가 안아 주지 않아서 섭섭했구나. 엄마가 지금 안아 주러 갈게요"라고 말해 주면 됩니다. 아이가 뭔가에 도전했다가 실패해서 잔뜩 화가 났을 때는 "열심히 했는데 잘 되지 않아서 아쉬운 마음이구나. 다음에는 꼭 성공할 거야'라는 말을 들려주면 됩니다. 이렇게 의미를 분명히 알면 아이가 느끼는 감정도 좀 더 명확하게 이해할 수 있고, 입에서 나오는 표현도 자연스럽게 다정해지며 그 자체로 아이에게 격려가 될 수 있습니다.

아쉽다

"이번에는 반드시 성공할 거라고 믿었는데, 아 정말 아쉽다!" 아이들이 정말 자주 하는 말입니다. 늘 도전하고 또 도전하니 실패도 자주하죠. 하지만 이 말에는 정말 중요한 의미가 녹아 있습니다. '성공할 거라고 믿었는데 아쉽다'라는 말이 참 귀해서 그렇습니다. 아쉽다는 말은 미련이 남아서 서운하다는 의미를 표현합니다. 미련이 남았다는 건 뭘까요? 미련이 남을 정도로 무언가를 최선을 다해 했다는 사실을 의미합니다. 많은 부모님이 놓치고 지나가는 지점인데, 이것을 꼭 기억해 주세요. 정말 많이 노력해서 도전했는데, 그래서 이번에는 성공할 거라고 믿었는데, 그게 잘 이루어지지 않아서 아이 입에서 '아쉽다'라는 말이 나오는 거죠. 이렇게 아이가 아쉽다고 말할 때, 부모는 아이가 지금 무언가에 최선을 다하고 있다는 사실을 인지해야 합니다. 그걸 알고 있는 것과 모르고 있는 건 전혀 다르죠. 알면 조금 더 마음에 닿는 말을 들려줄 수 있습니다.

섭섭하다

하루는 학교에서 돌아온 아이가 불만에 가득한 표정으로 이렇게 말합니다. "다른 아이들 엄마처럼 엄마도 적극적으로 학교 활동에 참여하면 좋겠어." 이런 말을 들으면 여러분은 이렇게 답하겠죠. "다른 엄마들처럼 적극적으로 활동하지 않아서 그간 많이 섭섭했구나?" 이렇게 '섭섭하다'라는 말은 다른 사람이나 상황 때문에 서운하고 아쉬운 마음을 표현할 때 사용하는 단어입니다.

섭섭하다는 말을 잘 사용하면 아이의 힘든 마음을 보다 효과적으로 안아 줄 수 있습니다. 비록 몸은 떨어져 있지만 늘 부모님과 정서적으로 연결되어 있어서 든든한 마음으로 생활을 하는 아이들은, 일상에서 '섭섭하다'라는 말을 잘 활용하는 부모님과 살고 있다는 공통점이 있죠.

아이에게 격려의 말을 들려주는 게 힘들다는 부모님들이 계십니다. 여러분도 그렇다면 이 사실을 꼭 기억하세요. 격려의 표현은 따로 외우거나 책에서 참고한다고 나오는 게 아니라, 부모가 어휘 하나하나를 제대로 알고 썼을 때 만날 수 있는 것입니다. '아쉽다'와 '섭섭하다'라는 말 역시 마찬가지로, 아래의 예시를 통해 여러분이 제대로 구분해서 활용할 수 있다면, 아이의 애틋하고 간절한 마음을 조금 더 다정한 말로 안아 줄 수 있습니다.

"친구가 너에게 차갑게 대하니 좀 섭섭하지?"
"열심히 준비했던데, 이번 시험 결과가 좀 아쉬웠구나?"
"엄마가 네 마음을 알아주지 않아서 섭섭했니?"
"기대를 많이 하면 아쉬움도 커지는 거야."

억울하다 / 분하다

억울하다 「형용사」 아무 잘못 없이 꾸중을 듣거나 벌을 받거나 하여 분하고 답답하다.

분하다 「형용사」「1」 억울한 일을 당하여 화나고 원통하다.
　　　　　　　「2」 될 듯한 일이 되지 않아 섭섭하고 아깝다.

　'억울하다'라는 말과 '분하다'라는 말을 부모가 분명하게 구분해서 활용할 수 있다면, 아이는 도전과 실수를 통해 점점 성장하는 삶을 살 수 있습니다.

　먼저 '억울하다'라는 말은 누군가 나에 대한 거짓 소문을 퍼트리는 것을 알게 되었을 때 사용할 수 있는 표현입니다. 그런 상황에서 우리는 "그건 사실이 아니야"라는 말만 할 수 있죠. 그 일에 내가 관여한 부분이 전혀 없으니 바꿀 수 있는 부분도 없습니다. 하지만 피아노 연습을 열심히 한 아이가 아깝게 원하는 상을 받지 못하면, 우리는 분노해서 어쩔 줄 모르는 아이에게 "분하구나? 최선을 다했으니 마음이 힘들 거야. 다음에 더 잘해보자"라고 말할 수 있죠. 어떤 일로 분하다는 것은 그간 열심히 하며 시간을 보냈다는 증거입니다. 아쉬운 마음이 드니, 실수한 부분을 돌아보며 다음을 기약하게 되죠. 이렇게 어휘 하나도 본질을 이해하고 보면 전혀 다른 부분이 보입니다.

억울하다

내가 관여한 부분이 없으니, 억울한 일을 당할 때 우리는 사실 아무것도 할 게 없습니다. 아이는 종종 이런 말로 자신의 억울한 마음을 호소할 것입니다. "엄마, 나 친구 때문에 너무 속상해! 왜 나를 자꾸 미워하는 걸까?", "난 전혀 잘못한 게 없는데 선생님께 혼났어. 선생님은 날 미워하는 게 아닐까?" 이처럼 잘못 없이 누군가에게 미움을 받거나 벌을 받아서 답답한 마음을 표현할 때 사용할 수 있는 말입니다. 어른도 마찬가지겠지만, 아이는 더욱 내면이 연약하기 때문에 이런 일을 겪고 돌아왔을 땐 반드시 적절한 말을 통해서 억울한 마음을 풀어 줘야 합니다.

분하다

"너무 분하다! 이번에는 진짜 분해서 견딜 수가 없어!" 아이가 이렇게 자신의 분한 마음을 강하게 표현하는 이유는 뭘까요? 여러분도 한번 생각해 보세요. 살면서 언제 가장 분한 감정이 느껴지셨나요? 충분히 가능할 거라고 예상했던 일이 제대로 되지 않아 섭섭하고 아까울 때 분한 감정이 들죠. 이렇게 분한 마음을 표현하는 아이에게 오히려 화를 내는 부모님이 있는데, 그런 대응은 아이에게 오히려 아픔이 될 수 있습니다. 아이는 그저 그동안 노력한 시간이 아까운 마음에 자연스럽게 드는 감정을 표현했을 뿐입니다. 그럴 때는 아이의 분한 마음을 먼저 이해하고, 화나고 원통한 마음을 안아줄 수 있는 말을 해주는 게 좋습니다. 여기에서 하나 더 보태어, 좀 더 열심히 하면 곧 해낼 수 있을 거라는 희망의 메시지도 담아서 말해 준다면 더욱 좋은 결과를 만들어 낼 수 있죠.

일상 활용법

다음 두 가지만 기억하시면 됩니다. '분하다'라는 말은 부정적인 표현이 아닌, 아이의 도전 정신을 더욱 키워 스스로 성장할 수 있게 돕는 말입니다. 그리고 '억울하다'라는 말은 자신이 어찌할 수 없는 일을 당했을 때 할 수 있는 말이죠. 이 부분을 기억하며 다음 예시를 참고해 주세요.

"살면서 누구에게나 <u>억울한</u> 일이 생길 수 있어. 그럴 땐 너무 신경 쓰지 말고 차분히 넘어가는 게 좋아."

"이번에는 정말 최선을 다해서 준비했는데, 결과가 좋지 않아서 <u>분한</u> 마음이 들었구나."

"형이 잘못했는데 너를 혼내서 <u>억울했지</u>? 정말 미안해, 엄마도 가끔 실수할 때가 있어."

"1등으로 달리다가 중간에 넘어져서 <u>분했구나</u>. 괜찮아. 덕분에 하나 배웠네. 다음에는 조금 더 조심하면 돼."

"남들은 발견하지 못한 것들을 ○○이는 참 **섬세하게** 찾아내

는구나."

"앞에 나가서 발표하는 게 좀 **쑥스러워도,** 하다 보면 자신감

을 갖게 돼."

"엄마는 ○○이가 학교에서 돌아오는 시간이면 마음이 **설렌단**

다."

_____

_____

_____

_____

_____

"너를 보면 겉으로는 부드럽지만 속은 **강직해서** 더 믿음직하

고 의젓하게 느껴져."

_____

_____

_____

"지금 **의기소침한** 상태라, 아무런 힘이 나지 않는가 보구나.

그럴 땐 일단 뭐라도 한번 시작해 보는 거야."

"엄마가 네 마음을 알아주지 않아서 **섭섭했니?**"

"1등으로 달리다가 중간에 넘어져서 **분했구나.** 괜찮아, 덕분에

하나 배웠네. 다음에는 조금 더 조심하면 돼."

자존감 / 자신감

자존감 「명사」 자기 자신을 소중히 대하며 품위를 지키려는 감정.

자신감 「명사」 자신이 있다는 느낌.

    정말 많은 책에서 자존감과 자신감의 차이를 설명하고 있죠. 간단히 한 줄로 설명하자면 이렇습니다. 세상이 주는 것이 자신감이라면, 스스로 자신에게 주는 건 자존감입니다. 예를 들어 시험을 봤는데, 세상의 기준으로 좋은 점수가 나왔다면 그 아이는 바로 '자신감'을 얻을 수 있습니다. 하지만 다음 시험에서 점수가 내려가면 순식간에 자신감을 잃게 되죠. 세상의 기준으로 생긴 것이라, 얻었다가 바로 빼앗기게 되는 게 자신감이죠. 하지만 자존감은 전혀 다르게 움직입니다. 시험 점수가 세상의 기준으로 볼 때 좋지 않더라도 스스로 노력한 것에 만족하는 아이는, 이렇게 생각하며 자신에게 자존감이라는 선물을 줍니다. "충분히 열심히 했어. 그 노력을 내가 아니까, 나는 나를 자랑스럽게 생각해." 이렇듯 자신이 세운 기준에 따라 스스로를 소중하게 대하려는 감정이 자존감이므로, 한번 가진 자존감은 평생 잃지 않습니다. 이것이 바로 탄탄한 자존감을 가져야 할 이유이자, 자존감의 소중한 가치입니다.

자존감

'자존감'은 가장 주도적인 의미를 품고 있는 단어 중 하나입니다. 자존감의 근거를 아무도 알지 못한다고 해도 나는 알고 있습니다. 왜일까요? 자존감은 자신에게 스스로 부여해서 가질 수 있는 것이라 그렇습니다. 그래서 자존감이란 나이가 들거나 많이 배운다고 해서 생기는 것이 아닙니다. 쉽게 가질 수 없는 것이므로 더욱 아이의 삶에 결정적인 역할을 하죠. 이런 방식의 부모의 한마디 말을 통해서 아이는 같은 상황에서도 자존감을 갖게 되기도, 갖지 못하게 되기도 합니다. "스스로의 노력에 감탄할 수 있다면 탄탄한 자존감의 소유자가 될 수 있지.", "결과보다 과정을 보자. 네 노력이 거기에 다 있잖아." 이렇게 과정을 보여주는 말을 들려주면, 아이는 그 안에서 탄탄한 자존감을 가질 수 있습니다.

자신감

자신감의 정의는 매우 간단합니다. '자신이 있다는 느낌'을 의미하는 거죠. 자존감도 중요하지만, 자신감도 못지 않게 중요합니다. 결국 세상이 인정한 잘한 경험들이 모여야 자존감도 더욱 탄탄해질 수 있는 것이니까요. 무슨 일을 시작할 때 자신감을 갖고 하는 것과 아닌 경우, 그 결과는 매우 다르게 나타납니다. 가능하다고 생각하고 달려들면 가진 힘 이상을 발휘할 수 있으니까요. 그래서 때로는 반복된 자신감이 모여서 자존감이 될 때도 있습니다. 그러니 아이가 무언가를 해냈거나, 지금 도전을 시작하려고 할 때 자신감을 크게 키워 주는 게 좋습니다. "결과는 중요하지 않아. 너라서 특별한 거야.", "와, 그런 것도 할 줄 알았어? 자랑스러운 우리 아들(딸)." 이렇게 일상 속 아이의 모습에 격려의 메시지를 전하는 것도 하나의 방법입니다.

아이에게 정서는 매우 중요합니다. 아이가 자신의 마음에 일어나는 여러 가지 감정에서 불안을 자주 느끼게 되면 불안정한 상태가 되어 정서 지능이 발달하기 어려울 수 있습니다. 이때 꼭 필요한 것이 바로 자존감입니다. 세상이 주는 그 어떤 영향에도 흔들리지 않고 스스로를 믿는 그 마음이 정서를 안정시킬 수 있기 때문입니다. 앞서 설명한 것처럼 세상이 주는 자신감 역시 자존감을 형성할 때 도움이 되는 감정이니, 이런 말을 통해서 자존감과 자신감 모두 아이가 가질 수 있도록 해주세요.

"남들의 인정도 중요하지만, 가장 중요한 건 너 자신의 박수를 받는 거야. 그런 사람을 보고 자존감이 높다고 해."

"결과가 아닌 과정을 보는 사람들은 언제나 탄탄한 자존감을 유지할 수 있지."

"뭐든 네가 시작하고 네가 끝내는 게 중요해. 그럴 때 자존감이 생겨날 수 있어."

"자신감 있게 시작해 봐. 그럼 결과가 달라지지."

불쾌하다 / 불편하다

불쾌하다 「형용사」「1」 못마땅하여 기분이 좋지 아니하다.

불편하다 「형용사」 ① 어떤 것을 사용하거나 이용하는 것이 거북하거나 괴롭다.

한번 생각해 보세요. 가만히 아무것도 하지 않는 사람에게는 불편한 감정도 느껴지지 않습니다. 맞아요. 불편하다는 것은 주도적으로 나온 어떤 감정이나 행동이 다른 것들과 마찰할 때 생기는 감정입니다. "이 의자에 앉아 보니 좀 불편하네.", "이 연필은 사용하기 불편한데"와 같은 방식으로 말할 수 있죠. 하지만 '불쾌하다'라는 말은 '불편하다'라는 말과 시작과 과정이 전혀 다릅니다. "저 사람 뭐야. 갑자기 트름을 하네, 불쾌하게"라는 말에서 알 수 있듯이, 내가 가만히 있어도 타인의 행동을 통해 나를 찾아오는 감정이라서 그렇습니다. 아이가 나쁜 감정이나 몸에 좋지 않은 기운을 느낄 때, 이 부분을 제대로 구분해서 말을 해주어야 합니다.

부모가 어휘를 정확히 알고 대화를 나눠야, 아이가 그 대화 속에서 문제를 해결할 답이나 힌트를 찾을 수 있습니다. 부모의 말이 아이에게는 풀리지 않는 문제를 해결할 좋은 영감이 된다는 사실을 기억해 주세요.

불쾌하다

아이와 하루 종일 함께 지내다 보면 뭔가 못마땅하여 기분이 좋지 않은 아이의 모습을 볼 때가 있습니다. 그럴 때 바로 "뭔가 불쾌한 게 있니?"라고 질문할 수 있어요. 타인 또는 다양한 환경적인 이유로 몸과 기분이 좋지 않을 때 주로 사용하는 표현이라고 생각할 수 있습니다. "너무 무덥고 습한 날씨라 좀 불쾌하네.", "난 그냥 음식을 먹고 있었을 뿐인데 분식점 주인이 불쾌하게 바라보네.", "그런 식으로 말하는 건 좀 불쾌한데!"처럼 어떤 현상이나 타인에 의해서 몸이나 기분, 감정이 상했을 때, 그 마음을 이렇게 표현하면 됩니다.

불편하다

스스로 몸과 마음을 움직여 어떤 것을 하거나 경험하는 데 뭔가 편하지 않을 때 느끼는 감정을 '불편하다'라고 말합니다. 외부 요인이 아니라, 자신이 주도한 무언가에서 느끼는 나쁜 감정 또는 마찰로 느낀 불편한 감정이라는 것이 특징입니다.

아이에게 말할 때는 이렇게 위로나 격려를 건네면서 동시에 상황이 나아질 거라는 긍정의 신호를 함께 주는 게 좋습니다. "열심히 운동하더니 다리가 좀 불편하구나? 쉬면 좀 나아질 거야.", "요즘 그 친구가 좀 불편하니? 좋은 마음을 주면 결국 그 친구도 네 진심을 알아줄 거야." 지금 아이가 무언가를 불편하게 여긴다면, 그건 곧 상황이 나아질 신호라는 사실임을 알려 주세요.

일상 활용법

불쾌한 감정은 타인에 의해서 느껴지는 것이라 내가 바꿀 방법이 별로 없지만, 불편한 감정은 스스로의 행동으로 이루어지는 것이라 얼마든지 수정과 보완의 가능성이 있습니다. 결국 아이가 일상에서 불편한 감정을 느낀다는 것은 자신에게 부족한 부분을 점점 보완하고 더 나은 사람이 되는 과정이라고 볼 수 있죠. 이런 방식으로 불쾌한 감정과 불편한 감정의 차이를 알려 줄 수 있습니다.

"그 말은 가만히 있는 나를 나쁜 사람으로 만드는 것 같아서 불쾌하다."

"네가 불편하다면 다른 의자로 바꿔서 앉아도 돼."

"너를 불쾌하게 만드는 사람이 있다면 그 자리를 피하는 것도 방법이야."

"뭔가 불편하다는 건 개선의 여지가 있다는 신호지."

후회하다 / 반성하다

후회하다 「동사」 이전의 잘못을 깨치고 뉘우치다.

반성하다 「동사」 자신의 언행에 대하여 잘못이나 부족함이 없는지 돌이켜 보다.

참 이상하죠? 같은 상황에서도 어떤 아이는 후회를 하지만, 다른 아이는 반성을 합니다. 이게 왜 아이 삶에 중요한 걸까요? 후회는 아무리 많이 해도 단순히 미련만 남기지만, 반성을 하면 스스로 깨달음을 얻게 됩니다. 아이가 실수를 했을 때, 후회가 아닌 반성을 할 수 있게 해주세요. "아, 괜히 그렇게 했네"라는 후회가 아닌, "그때 선택을 잘못 했으니 다음에는 이렇게 해 보자"라는 반성이 아이의 성장을 돕습니다.

대표적인 후회의 언어에는 이런 것들이 있습니다. "내가 너 그럴 줄 알았지.", "그럼 그렇지, 네가 잘할 리가 있겠냐.", "그러니까 네가 그 모양으로 살지." 자주 들어 봤거나 해 본 말들이죠?

이번에는 반성의 언어를 소개합니다. "다음에 같은 실수를 하지 않으려면 어떻게 해야 할까?", "네가 생각하는 더 좋은 방법에는 뭐가 있니?", "1년 후에 만족하려면 지금 뭘 해야 할까?" 이렇게 후회와 반성의 언어를 구분해서 활용해보세요.

후회하다

시험을 본 아이가 집에 돌아와 한숨을 쉬며 말합니다. "이번 시험 완전 망했어요!" 이때 부모가 "으이그, 그렇게 놀더니! 지금까지 공부 안 하고 놀았던 거 후회되지?"라고 말한다면 아이의 내면에서는 어떤 움직임이 일어날까요? 그냥 후회하고 끝입니다. 후회는 이전의 잘못을 뉘우치는 걸 뜻하는 말로, 단순히 과거의 어느 한 부분만 바라보게 만듭니다. "놀기만 했던 지난 나날을 후회한다"라는 말에는 과거의 기억만 남아 있어서, 현실에서의 변화를 일으키지 못합니다. 게다가 후회라는 말은 듣기에 조금 부정적인 어

감이 있어, 이제 막 언어를 배우고 낯선 것들을 경험해야
하는 아이 교육에 좋은 영향을 미치기는 어렵습니다.

반성하다

'반성하다'는 과거의 어느 때에서부터 현재를 지나 미래
의 어느 지점까지도 모두 하나로 잇는 확장의 언어입니다.
자신의 말과 행동에 대하여 잘못이나 부족함이 없는지 돌
이켜 본다는 의미를 가진 말이죠. 반성하지 않고 사는 날
은 아이 인생에서 없는 하루라고 생각할 수 있습니다. 과거
와 미래를 연결할 수 없는 날이기 때문입니다.

앞선 사례에서 예로 들었던 말을 이렇게 고쳐서 들려주
면 어떨까요? "점수를 받아보니 어때. 이제 좀 반성이 되
니?" 부모가 반성의 언어를 들려주면 아이는 저절로 이런
생각을 하게 됩니다. '그럼 앞으로 나는 어떻게 해야 될까?'
아이는 스스로 잘못된 부분을 고치고 수정합니다. "공부
하라고 했지!", "청소하라고 했지!" 이런 방식의 지적으로는
아이를 움직일 수 없습니다. 아이의 어떤 부분을 고치도록
만들고 싶다면, 지금부터 반성의 언어를 활용해 보세요.

아이는 자주 실수합니다. 게다가 정말 중요한 건 같은 실수를 자주 한다는 거죠. 그래서 더욱 '후회'와 '반성'을 정확히 구분해야 합니다. 아이가 같은 실수를 너무 심하게 반복한다는 건, 부모가 반성의 언어를 들려주지 못하고 후회만 하게 만들었다는 증거이기도 합니다. 부모가 반성의 언어를 들려주었다면 아이는 스스로 실수의 이유를 찾아 조금씩 고치며 나아졌을 테니까요.

"지난 일은 아무리 후회를 해도 달라지지 않지."

"앞으로는 후회보다는 반성을 해 보자. 그럼 문제를 해결할 방법을 찾을 수 있을 거야."

"사람은 왜 자꾸 후회를 하게 되는 걸까?"

"알아서 공부하는 모습을 보니 대견하네. 이번 시험을 보고 반성을 제대로 했구나."

공감 / 동감

공감 「명사」 남의 감정, 의견, 주장 따위에 대하여 자기도 그렇다고 느낌. 또는 그렇게 느끼는 기분.

동감 「명사」 어떤 견해나 의견에 같은 생각을 가짐. 또는 그 생각.

'공감'과 '동감'을 비슷한 표현이라고 생각하며 쉽게 혼용하면, 생각보다 힘든 현실을 마주할 가능성이 높습니다. 부모와 아이 사이에서는 반드시 '공감'의 표현이 필요한데, 부모가 두 표현을 제대로 구분하지 못하면 공감에서 나온 표현을 아이에게 결코 전할 수 없기 때문입니다.

먼저 동감은 감정보다는 단순한 반응에 가깝다고 보시면 됩니다. 같은 마음이나 느낌을 가지기 보다는 단순히 상대의 의견과 생각에 동의할 때 쓰는 말이죠. 그렇다 보니 동감에서 나온 표현이 듣는 아이 마음에 도착하지 않거나 상처를 줄 때가 많습니다. 동감은 온전히 아이의 입장이 아닌, 부모 자신의 욕심이나 경험에서 나온 표현이기 때문입니다. 그래서 아이는 충분히 이해받거나 사랑받는다고 생각하지 못할 수 있죠. "엄마도 그런 적 있어서 잘 알아. 그땐 진짜 힘들었지"라는 말은 전형적인 동감의 수준에서 나온 단순한 반응입니다. 하지만 공감의 눈으로 보면 같은 상황에서도 다른 말이 나오죠. "아, 그런 일이 있었구나. 얼마나 힘들었을까, 우리 예쁜 ○○이."

공감

'공감'은 상대의 말을 듣고 진심으로 존중할 때 나오는 감정입니다. 의견은 서로 다를지라도 아이가 처한 상황을 이해하며 마음의 손을 잡는 것입니다. 어렵게 생각하지 마세요. 아이에게 공감의 힘을 전하려면 이런 식의 말이면 충분합니다. "아, 네 마음이 그랬구나. 엄마는 공감해.", "맞아, 네 입장이라면 그럴 수 있지. 충분히 공감돼." 이렇게 공감은 풍부한 지식이 아니라 아이의 마음을 충분히 이해했을 때 자연스럽게 나올 수 있는 것입니다. 아이가 선 위치에서 아이의 시선으로 바라볼 때 우리는 공감의 언어를 자연스럽게 들려줄 수 있습니다. 모든 것을 너무 급하게 생각하지 마세요. 마음의 여유, 즉 마음에 남는 공간이 있는 사람이 할 수 있는 게 공감입니다.

동감

이렇게 생각하면 쉽게 이해할 수 있습니다. '동감'이란 상대가 말한 어떤 의견에 '같은 생각'을 가지는 것을 말합니다. 이 지점이 중요한데요, 그 안에 자신의 경험만 있고 상대방 입장에서 생각한 이해는 빠진 상태라고 보면 됩니다. 그래서 같은 상황에서도 동감의 시각에서 벗어나지 못하는 부모의 입에서는 다친 아이를 보면서도 이런 말만 나오죠. "엄마도 그 고통 알아. 어릴 때 크게 넘어진 적이 있었거든.", "네 말에 적극 동감이야! 아빠도 그런 생각했었거든." 듣기에 어떤가요? 부모는 충분히 공감했다고 착각할 수 있겠지만, 이건 단지 아이의 말에 동감했을 뿐입니다. 이렇게 동감의 정의와 어감을 알고 두 표현을 구분할 수 있어야 진짜 공감을 할 수 있습니다.

아이가 "저 오늘 학교에서 돈가스 먹었어요"라는 말로 대화를 시작했는데, 부모가 "그래? 나는 회사에서 짜장면 먹었는데"라고 말한다면, 그건 공감하지 못해서 나오는 동감의 표현이라고 보면 맞습니다. 경청이 힘든 이유가 어디에 있을까요? 누구나 자기 말을 하려고 하기 때문입니다. 그러나 부모라면 아이와의 공감을 위해서, 말하고 싶다는 욕망을 잠시 접을 수 있어야 하겠죠. 아이의 이야기를 경청하겠다는 생각으로 다가가면 공감의 언어를 구사할 수 있다는 사실을 기억해 주세요.

"공감을 잘하는 사람들은 배우는 것도 많아. 공감하는 만큼 내 안에 담을 수 있거든."

"엄마도 너의 주장에 전적으로 동감해."

"너의 그런 생각에는 물론 동감하지만, 그렇다고 너의 잘못된 행동에 공감해 줄 순 없어."

"만약 내가 저 사람이었다면 어땠을까? 이런 공감을 자주 할 수 있는 사람의 하루는 늘 사랑과 행복이 가득하지."

걱정하다 / 고민하다

걱정하다 「동사」 안심이 되지 않아 속을 태우다.

고민하다 「동사」 마음속으로 괴로워하고 애를 태우다.

"뭐야, 걱정과 고민이 다른 건가? 대체 뭐가 다르지?"라고 말하는 사람이 많습니다. 그러나 둘은 분명히, 그리고 아주 많이 다른 표현입니다. 말의 의미가 애매할 때는 이렇게 생각하면 좋습니다. 무엇이 우리 삶에 도움을 주는 표현인지 생각해 보는 것이죠.

여러분은 보통 걱정하는 데 힘을 쓰나요? 아니면 고민하는 데 힘을 쓰나요? 맞아요. 고민은 우리의 삶에 힘이 되지만, 걱정은 아무런 쓸모가 없습니다. '걱정해서 걱정이 풀리면 걱정이 없겠네'라는 말도 있죠. 걱정은 우리에게 부정적인 영향만 많이 주지만, 고민은 어디로 가야 하는지 방향을 알려 주고 자신을 좀 더 깊이 알 수 있게 도와줍니다. 자, 그럼 걱정과 고민을 각각 어떻게 활용해야 하는지 살펴보죠.

걱정하다

'걱정하다'라는 표현은 부정적인 감정을 많이 담고 있습니다. 걱정이 유독 많은 사람은 모든 상황에서 늘 막연하게 부정적인 감정을 떠올립니다. '아이가 갑자기 병에 걸리면 어쩌지?', '사춘기가 오면 반항하는 건 아닐까?', '이대로 하는 게 맞는 건가?' 조금의 원인이나 맥락도 없는, 걱정을 위한 걱정이 또 다른 걱정으로 이어지면서 항상 불안하고 내일이 두렵죠. 애초에 원인이 없었으니 해결책도 있을 수가 없어서 불안한 마음을 잠재울 수도 없습니다. 쉬고 있지만 쉬는 게 아니고, 놀고 있지만 노는 것도 아니죠. 그런 과정을 반복하며 내면까지 망가지니 아이를 대할 때 자꾸 화만 납니다. 또 그런 자신의 현실이 너무 싫게 느껴질 때도 있죠. 이렇게 일상에서 나쁜 것들은 언제나 악순환으로 이어져 삶을 더욱 힘들게 만듭니다.

고민하다

고민하는 사람에게는 불안과 두려움이 없습니다. 걱정만 하는 사람의 언어는 "나보고 어쩌라는 거야?"라는 막연한 외침이지만, 고민하는 사람의 언어는 "이제 나는 어떻게 해야 할까?"라는 문제에 대한 답을 찾는 언어로 가득해서 그렇습니다. 답을 찾는 사람의 내면에는 언제나 희망과 기쁨이 가득하죠. 문제를 해결하려는 그 마음이 이미 우리를 어떤 상황에서도 '가능하다'라는 생각에서 일을 시작할 수 있게 만들어 줘서 그렇습니다. 아이가 고민을 통해 일상의 문제를 스스로 해결할 수 있게 돕고 싶다면, "이 문제를 어떻게 하면 해결할 수 있을까?", "어려움이 있지만 좋은 방법을 찾을 수 있을 거야"와 같은, 방법을 찾는 언어를 자주 들려주시면 됩니다.

일상 활용법

인간은 본래 나약해서 삶의 힘이 될 고민보다는 나쁜 것만 만드는 걱정을 먼저 합니다. 희망은 쉽게 가질 수 있는 것이 아니기 때문입니다. 그래서 더욱 내면이 악한 아이들에게 고민의 언어를 잘 추려서 들려주는 게 중요합니다. 아

래 예시를 통해서 걱정과 고민은 완전히 다르다는 사실과
이 둘을 어떻게 활용하면 좋은지를 알려 줄 수 있습니다.

"걱정으로 해결할 수 있는 문제는 없단다."

"잘 해결이 되지 않는구나? 우리 같이 고민해 보자."

"걱정을 하면 마음속으로 어떤 생각이 드니?"

"아무리 걱정해도 현실은 달라지지 않아. 직접 도전하고
고민하며 해결해야 하지."

외롭다 / 고독하다

외롭다 「형용사」 홀로 되거나 의지할 곳이 없어 쓸쓸하다.

고독하다 「형용사」 세상에 홀로 떨어져 있는 듯이 매우 외롭고 쓸쓸하다.

'외롭다'와 '고독하다'는 어떻게 다를까요? 이 둘은 서로 다른 상태를 나타내는 표현입니다. 고독이 외로움과 다른 이유는 자발성에 있습니다. 나를 힘들게 하는 어떤 문제가 하나 있다고 생각해 봅시다. 이때 누군가는 문제를 풀기 위해 내면의 시간을 가지며 생각에 빠지고, 다른 누군가는 문제를 외면한 채 고통을 방치하는 길을 선택합니다. 그게 쉽고 익숙하기 때문이죠. 이때 고독이라는 감정은 전자에게 찾아가고, 외로움은 후자를 찾아갑니다. 고독은 자기 앞에 있는 문제를 스스로 해결하고자 노력하는 사람에게 다가가는 말이고, 외로움은 문제를 외면하고 방치하는 길을 선택하는 사람에게 주어지는 말입니다. 그래서 '고독'은 우리를 '고민'하게 하고, '외로움'은 '걱정'하게 만들죠. 고민은 적극적으로 문제를 푸는 사람의 것이고, 걱정은 문제에 매몰된 사람의 것입니다.

외롭다

우리가 외로움의 감정을 느끼는 이유는 혼자 있기 때문이 아니라, 내 안에 믿을 만한 내가 존재하지 않기 때문입니다. 다른 사람들의 평가와 비난에 민감하고, 그들로부터 좋은 말을 듣기 위해 살아가는 사람은 외로움에서 벗어나기 힘들죠. 이렇듯 외로움은 홀로 서지 못해서 어딘가에 의지하고 기대고자 하는 마음입니다. 결국 외로움을 참지 못하겠다는 말은, 자기 존재를 참지 못하겠다는 말과 같습니다. 그렇다면 아이를 외롭지 않고 단단하게 자랄 수 있도록 만들기 위해 필요한 건 뭘까요? 부모가 아이에게 존재 가치와 꿈, 그리고 희망을 전할 수 있는 말을 들려주면 됩니다. 외로움은 자기 자신에게 의지할 수 없는 사람에게 찾아오는 벌과도 같은 것이니까요. "다시 도전할 수 있다면 희망도 있는 거야.", "네가 생각한 거라서 특별한 거야." 이렇게 아이에게 희망과 가치를 전하는 말을 들려주면, 아이는 외로움의 늪에서 빠져나올 수 있습니다.

고독하다

고독의 감정을 즐기며, 문제를 자신만의 방식으로 해결하기 위해서는 이런 정신이 필요합니다. '수천 명과 함께 있더라도 스스로 결심했다면 홀로 떠날 수 있는 용기', 반대로 '수천 명이 떠나더라도 혼자 남아 있을 수 있는 굳은 각오'가 그것입니다. 고독하다는 건 외부 상황에 따른 마음이라기 보다는 이렇게 스스로 선택하는 감정이라고 볼 수 있습니다. 물론 고독함을 선택하기란 쉽지 않습니다. 누구나 혼자 있고 싶을 때가 있지만, 누구도 혼자만 있고 싶지는 않죠. 게다가 원할 때 혼자 있는 게 행복한 거지, 현실적인 이유로 그래야만 한다면 그 시간은 고통일 수밖에 없습니다. 그래서 아이들은 더욱 고독을 스스로 선택하고, 그 안에서 무언가를 찾아내 원하는 삶을 만들어 나가는 연습을 할 수 있어야 합니다. "혼자이더라도 자기 의견을 끝까지 주장할 수 있는 사람이 진짜 상관 사람이지.", "혼자 생각하는 고독의 시간도 필요해. 그래야 자기만의 색을 지킬 수 있어." 이렇게 부모가 홀로 있는 힘을 강조한 말을 들려주면, 고독을 즐기는 멋진 아이로 성장할 수 있습니다.

부모님은 고독과 외로움 사이에서 방황하기 쉽습니다. 아이들 역시 마찬가지죠. 부모가 지금 자신의 삶에서 외로움을 자주 느끼고 있다면, 아이 역시 같은 상태일 수 있습니다. 그러니 좀 더 의식적으로 먼저 부모 자신부터 변화하려고 노력하는 게 좋습니다. 부모에게 좋은 것이 아이에게도 좋은 것이라는 사실을 늘 기억해 주세요.

"세상에서 가장 외로운 사람은 누굴까? 바로 혼자 있지 못하는 사람이란다."

"풀리지 않는 문제가 있을 땐, 고독하게 혼자 고민하는 시간이 필요해."

"넌 언제 고독한 감정을 느끼니? 그럴 때 주로 어떻게 시간을 보내?"

"사람은 고독함 속에 혼자 있을 때 비로소 자신의 색을 갖게 돼. 그러니 혼자 있는 건 결코 나쁜 게 아니란다."

"남들의 인정도 중요하지만, 가장 중요한 건 너 자신의 박수를

받는 거야. 그런 사람을 보고 **자존감**이 높다고 해."

"뭔가 **불편하다는** 건 개선의 여지가 있다는 신호지."

"앞으로 **후회**보다는 **반성**을 해 보자. 그럼 문제를 해결할 방법

을 찾을 수 있을 거야."

"너의 그런 생각에는 물론 **동감**하지만, 그렇다고 너의 잘못된

행동에 **공감**해 줄 순 없어."

"아무리 **걱정해도** 현실은 달라지지 않아. 직접 도전하고 **고민**

하며 해결해야 하지."

_____

_____

_____

_____

"사람은 **고독함** 속에 혼자 있을 때 비로소 자신의 색을 갖게

돼. 그러니 혼자 있는 건 결코 나쁜 게 아니란다."

_____

_____

_____

3장

생각 어휘

아이의 세계를 확장하고

더욱 지적인 사색의 길로 안내한다

멍하다 / 생각하다

멍하다 「형용사」「1」 정신이 나간 것처럼 자극에 대한 반응이 없다.

생각하다 「동사」「1」 사물을 헤아리고 판단하다.

'멍하다'는 아무 생각 없이 가만히 있는 상태를 뜻하는 말입니다. '생각하다'는 밖으로 시선을 돌려 세상과 사람을 탐구하며 무언가를 발견하는 행위를 뜻하는 말입니다. 아이가 집중해서 깊이 생각하고 있을 때 "넌 또 왜 멍하게 있니?"라고 말하면 어떨까요? 아이는 아마 혼란에 빠질지도 모릅니다. 멍하니 있는 게 결코 나쁘다는 말이 아닙니다. 살면서 긴장을 풀고 아무 생각 없이 있는 상태도 분명 필요하죠. 하지만 상황에 맞는 어휘를 선택해서 써야, 마찬가지로 아이도 적합한 선택을 할 수 있어 예측 가능한 삶을 살아갈 수 있습니다.

멍하다

'멍하다'는 휴식의 말입니다. 비생산적인 행동이라고 생각할 수도 있지만, 일상에서 늘 반복되는 생각에 지쳐 있는 사람들에게는 기분 좋은 휴식처럼 들리는 말이죠. "너무 심각하게 있는 건 좋지 않아. 가끔 이렇게 아무것도 하지 않고 멍하니 있는 시간도 필요해.", "이렇게 가만히 앉아서 멍하게 있으면 피로가 저절로 풀리는 것 같아." 이런 방식으로 지친 아이들의 마음을 치유하는 말로 활용하면 좋습니다.

생각하다

생각한다는 건 매우 진취적이고 자기주도적인 행동입니다. 사건의 원인을 찾거나, 사물을 헤아리고 판단할 때 주로 쓰는 표현이죠. "생각하는 모습이 참 근사하다.", "그런 생각도 할 수 있구나!", "좀 더 생각하면 더 좋은 해결책이 나올 것 같아"라는 식의 말을 아이에게 들려주면, 아이는 앞서 언급한 생각하는 행위가 가진 장점을 삶에서 실천하게 됩니다. 어떤 상황에서도 흔들리지 않고 전진하는 진취적인 아이로, 자신이 꼭 해야 할 일을 스스로 해내는 멋진 사람으로 성장하죠.

일상 활용법

생각한다는 말과 멍하니 있다는 말은 가는 방향이 다른 표현이죠. 하지만 반드시 공존해야 하는 단어이기도 합니다. 늘 생각만 할 수도 없고, 반대로 늘 멍하게 있으며 아무것도 하지 않을 수도 없으니까요. 순서를 지키며 균형을 잡아 주는 게 필요합니다. 느낌표 다음에 물음표가 오고, 그다음에 다시 느낌표가 오는 것처럼 말이죠.

다음에 소개하는 말을 통해 아이가 무언가 깊이 생각한 후에는 조금 쉴 수 있도록 멍하게 있는 시간을 선물해 주세요. 그런 다음에는 다시 깊은 생각을 할 수 있게 생각의 공간으로 초대하는 게 좋습니다.

"생각하는 사람은 지치지 않아. 생각이 계속 길을 보여 주니까."

"엄마는 가끔 네가 <u>생각에</u> 잠겨서 집중하는 모습이 참 멋지더라."

"한 번 <u>생각하고</u> 나온 답과 두 번 <u>생각하고</u> 나온 답은 다르지."

"너무 피곤할 땐 <u>멍하니</u> 창밖을 바라보거나 먼 산을 보며 조용히 쉬는 것도 좋아."

비난하다 / 비판하다

비난하다 「동사」 남의 잘못이나 결점을 책잡아서 나쁘게 말하다.

비판하다 「동사」 「1」 현상이나 사물의 옳고 그름을 판단하여 밝히거나 잘못된 점을 지적하다.

부모가 '비난'과 '비판'을 제대로 구분할 수 있어야 아이가 좀 더 논리적으로 생각할 수 있습니다. 물론 타고난 부분도 있겠지만, 아이의 논리력은 대부분 어릴 때부터 들었던 부모의 말을 통해서 결정되죠. 실제로 조리 있게 말하면서 논리력이 있는 아이가 사는 가정에서는 부모가 비난과 비판을 정확하게 구분해서 멋지게 활용하고 있습니다.

먼저, 비난은 무작정 상대를 비방하고 나쁜 부분만 찾아서 과장하는 것인 반면, 비판은 사건이나 상황에 대한 이해도를 높이기 위해 생각과 관찰을 통해 자기만의 이론이나 원칙을 찾아내는 것을 말합니다. 비난은 타인의 결점과 모자라는 부분을 단지 크게 말하는 것에 불과하지만, 비판은 옳고 그름을 따지는 과정이 꼭 필요합니다. 부모가 이런 의미를 제대로 인지하고 일상에서 아이가 건전한 비판을 할 수 있게 해준다면, 그 아이의 내일은 더욱 밝아질 것입니다.

비난하다

'비난을 위한 비난'이라는 표현이 있습니다. 그 말이 비난이라는 단어를 가장 잘 표현한 말이라고 볼 수 있습니다. 비난은 악의적으로 타인의 잘못이나 결점만 찾아내서 최대한 나쁘게 말하는 것을 뜻합니다. 그런 사람들은 비난하기 위해 눈에 불을 켜고 더러운 것만 찾죠. 그런 사람의 하루는 과연 무엇으로 채워져 있을까요? 더러운 것만 찾으니 쓰레기처럼 악취만 가득한 것들로 채워져 있을 겁니다. 만약 그게 가정에서 이루어진다면 또 어떨까요?

부모가 직접적으로 아이를 비난하는 것도 좋지 않지만, 아이가 누군가를 비난할 때 "그건 최악의 행동이야!"라는 사실을 알려 주는 게 더 중요합니다. "좋은 점을 봐야 좋은 하루를 보낼 수 있지.", "비난은 좋지 않아. 그런 말을 내뱉은 사람을 먼저 망치거든." 이렇게 분명하게 알려 주며 비난의 나쁜 영향력에 대해서 전해 주세요.

비판하다

'비판하다'라는 말을 적절히 잘 듣고 자라면, 아이는 매우 논리적인 성인으로 성장할 가능성이 높습니다. 비판과 분석의 과정을 통해 공부도 당연히 잘하게 되며, 논술이나 대화에서도 빛이 나는 사람이 될 수 있죠. 현상이나 사물의 옳고 그름을 판단하여 분명하게 밝히거나 잘못된 점을 지적하는 것이 바로 비판의 의미라서 그렇습니다. 비판과 비난 모두 듣기에는 비슷하지만, 비판은 생산성의 측면에서 볼 때 비난과 아예 차원이 다릅니다. 같은 연료를 써도 비난은 그냥 소모만 할 뿐 아무것도 생산하지 못하지만, 비판은 사용한 것 이상의 부가가치를 만들죠. "네 방법도 좋아. 하지만 이 부분이 조금 부족하니, 이렇게 해 보는게 어떨까?"와 같은 말로 아이가 잘한 부분도 언급하며 좋은 방향을 제시하는 방식의 비판을 하는 게 좋습니다.

비난은 인간의 본성에 속한 감정이라 굳이 가르치지 않아도 언제든 구사할 수 있습니다. 그래서 아이에게 가르쳐야 할 건 '비판'이죠. 이런 방식의 말을 들려주면 자연스럽게 아이에게 비난과 비판의 차이가 무엇인지 알려줄 수 있습니다. 동시에 어떤 방식으로 세상을 바라보는 것이 자신에게 긍정적인 영향을 줄 수 있는지도 깨닫게 됩니다.

"나쁜 건 그냥 봐도 보이지만, 좋은 건 관찰하고 찾아봐야 하지. 비난하기는 쉬워도 장점을 발견하는 일은 정성이 필요하니까."

"남의 단점만 찾아서 비난하면, 내 기분이 가장 먼저 나빠지지."

"잘못된 건 잘못되었다고 비판할 용기를 가져야 해."

"옳고 그름을 따지지 않고 무조건 상대를 비난부터 하는 건 좋지 않아."

낙천적이다 / 낙관적이다

낙천적 「명사」 세상과 인생을 즐겁고 좋은 것으로 여기는 것.
낙관적 「명사」 인생이나 사물을 밝고 희망적인 것으로 보는 것.

　'낙천적'이라는 표현은 세상을 긍정적으로 보는 시선과 좋은 생활 태도를 표현할 때 사용하는 말입니다. 그럼 이렇게 질문할 수 있죠. "'낙관적'이라는 말도 결국 같은 의미 아닌가요?" 반은 맞고, 반은 틀렸습니다. 둘 다 의미는 같지만, 시간의 위치가 다르기 때문입니다. '낙천적'이라는 말은 현재를 긍정적으로 바라보는 상태를 말하고, '낙관적'이라는 말은 미래를 긍정적으로 바라보는 상태를 말합니다. 일상은 인간이 가진 최고의 무기죠. 아이에게 '낙천적이나'라는 말을 자주 들려주시면 최고의 무기를 선물할 수 있습니다. 그리고 미래는 인간이 가진 희망이죠. 아이에게 '낙관적이다'라는 말을 자주 들려주시면 그 희망을 전할 수 있습니다.

낙천적이다

"야, 넌 애가 참 낙천적이다.", "그렇게 낙천적으로 생각할 수도 있구나." '낙천적'이라는 말은 주로 이렇게 표현합니다. 과거나 미래가 아닌, 지금 이 순간의 긍정적인 마음과 태도를 의미하는 말이죠. 낙천적으로 생각하는 아이에게는 현실에서 나쁜 일이나 부정적인 소식이 별로 들리지 않습니다. 특유의 낙천적인 시선으로, 다가오는 모든 것을 아름답고 긍정적으로 바꾸어 흡수하기 때문이죠. 지금 이 순간에 입각해서 나온 말이라, 일상이라는 무기를 정말 멋지게 활용할 수 있게 돕기 때문에 더욱 귀합니다.

낙관적이다

"넌 그걸 낙관적으로 생각하는구나.", "낙관적이라고 생각하고 있구나." 미묘한 느낌을 발견하셨나요? 맞아요, '낙관적'이라는 말은 과거나 현재가 아닌 미래를 향하는 말입니다. 자신이 처한 상황이나 현재 하는 일의 미래를 희망적으로 생각해서 나오는, 봄바람처럼 따뜻하고 예쁜 말이죠. 무엇을 시작해도 내일이 기대되는 아이들이 자주 사용하는 표현이기도 합니다. 반대로 그런 희망이 가득한 아이로 키우고 싶다면, 부모가 자신의 삶에서 낙관적인 태도를 보여 주며 말로도 자주 들려 주는 게 좋습니다.

일상 활용법

아이의 현재와 미래를 하나로 잇는 말입니다. 그렇게 생각하니 더 아름답죠. 시작과 끝을 하나로 연결할 수 있다는 건, 생각하는 지성인만이 즐길 수 있는 특권입니다. '낙천적'이라는 말로 아이의 현재를, '낙관적'이라는 말로 아이의 미래를 예쁘게 연결할 수 있으니 아래 예시를 참고하셔서 멋지게 활용해 주세요.

"현재 주어진 일을 낙천적으로 생각하면, 그 일에서 더 많은 희망을 볼 수 있단다."
"넌 이 일의 미래를 낙관적으로 보는구나."

"힘들지만 낙천적으로 보는 네 시선이 참 예뻐."

"지금 아무리 나쁜 일이 있어도, 낙관적으로 생각하다 보면 미래가 좋게 바뀌어."

복잡하다 / 다양하다

복잡하다 「형용사」「1」 일이나 감정 따위가 갈피를 잡기 어려울 만큼 여러 가지가 얽혀 있다.

다양하다 「형용사」 모양, 빛깔, 형태, 양식 따위가 여러 가지로 많다.

　새로운 게 많은 아이 입장에서 볼 때, 세상은 복잡하기도 하지만 다양하기도 합니다. 무엇을 표현할 때 복잡하다고 하는 것인지, 다양한 건 또 무엇을 의미하는 것인지, 그 경계가 참 애매하게 느껴지죠. 이때 부모가 이 두 단어를 제대로 구분하고 아이와 대화를 나눌 수 있다면, 어떤 상황에 대한 자기만의 생각을 아이 스스로 할 수 있고 지혜롭게 선택하며 성장하는 삶을 살 수 있습니다.

　'복잡하다'라는 말은 서로 다른 욕망이나 관계가 얽혀 있으니 '풀어야 한다'라는 의미이며, '다양하다'라는 말은 눈앞에 선택지가 많이 있으니 내게 가장 맞는 '하나를 선택해야 한다'라는 의미를 품고 있습니다. 단어 하나에도 이처럼 깊은 의미가 녹아 있죠. 모르면 보이지 않지만 알면 전혀 짐작도 하지 못한 세계가 열립니다. 얽혀 있는 문제를 해결해야 할 땐 '복잡하다'라는 표현을, 하나를 선택해야 할 땐 '다양하다'라는 표현을 써야, 아이가 의미를 제대로 받아들여서 자기 앞에 놓인 상황을 지혜롭게 해결할 수 있습니다.

복잡하다

'복잡하다'라는 말은 갖가지 일이나 사람의 감정이 무분별하게 서로 얽혀 있는 상태를 표현한 단어입니다. 예를 들어, 거리에 사람이 많을 때나 다른 목적을 가진 사람들의 이해관계를 말할 때 주로 이런 식으로 사용합니다. "사람이 너무 많아서 길이 복잡하네.", "여기 모인 사람들 대부분 감정이 복잡하게 얽혀 있는 것 같다." 또한, 아이가 불편한 마음을 갖고 있을 때, "마음이 좀 복잡하니?"라는 말로 격려나 위로를 할 수 있죠. 복잡하다는 말을 통해서 얽혀 있는 문제나 감정을 풀어야 한다는 신호를 줄 수 있으니, 아이 스스로 문제를 해결하는 힘을 기를 수 있습니다.

다양하다

'다양하다'라는 말을 통해 부모는 아이에게 두 가지 능력을 길러 줄 수 있습니다. 첫 번째는 스스로 생각한 후 하나를 선택할 수 있는 힘이고, 두 번째는 왜 그것을 선택했는지 이유까지 설명할 수 있는 능력입니다. '다양하다'라는 말은 모양이나, 양식, 색, 형태 등이 여러 가지로 많다는 사실을 의미하므로, 얽혀 있는 게 아니라 선택지가 많다는 느낌을 아이에게 줄 수 있죠. "이 식당에는 돈까스 종류가 정말 다양하네.", "이 옷은 색이 정말 다양하게 진열되어 있어"라는 말을 통해 아이에게 선택지 중 하나를 정할 기회를 줍니다. 어릴 때 '다양하다'라는 말을 적절히 듣지 못한다면, 무엇 하나도 스스로 선택하지 못하고 주도적인 삶을 살지 못하는 아이로 자라기 쉽습니다.

일상 활용법

앞서 강조했지만 아이가 사소한 선택 하나도 쉽게 하지

못한다면 그 이유는 소심한 성격이나 성향에 있는 게 아니라, 부모가 일상에서 어떤 것이 복잡하고, 어떤 것이 다양한 일인지 제대로 구분해 주지 못한 것에 원인이 있을 수 있습니다. 애매한 부분들에 대한 원칙이 바로 서지 않으니, 작은 선택 앞에서도 자기 생각을 정하지 못해 주저하게 되는 것이죠. 이렇게 구분해 주시면 아이 입장에서도 쉽게 이해할 수 있어 도움이 됩니다.

"복잡한 문제는 풀면 되고, 다양한 선택지 중에서는 하나를 선택하면 되는 거야."

"세상에 풀리지 않는 문제는 없어. 좀 더 생각하면 복잡하게 얽힌 부분을 풀 수 있지."

"다양한 사람들의 생각을 들어 보면 더 많은 사람을 이해할 수 있게 되는 거야."

"모두가 내 마음과 같을 수는 없어. 오히려 다양해서 존재 가치가 있는 거야."

의식하다 / 지켜보다

의식하다 「동사」「1」 어떤 것을 두드러지게 느끼거나 특별히 염두에 두다.

지켜보다 「동사」 주의를 기울여 살펴보다.

　'의식하다'와 '지켜보다'라는 말은 넓은 의미로 볼 때, 모두 타인을 바라본다는 뜻이 담긴 표현입니다. 그러나 좀 더 세밀하게 살펴보면 완전히 방향이 다른 말이라는 사실을 알게 됩니다. 의식한다는 것은 내가 타인의 눈치를 보거나 필요 이상으로 신경을 쓸 때 사용할 수 있는 말이지만, 지켜본다는 것은 내 의지로 시간을 투자해서 사물이나 타인을 적극적으로 관찰하는 행위를 말하죠. 전자는 주로 "왜 그렇게 사람들 시선을 의식하니?"처럼 부정적인 의미로 쓰이지만, 후자는 "오랫동안 지켜보면 더 이해할 수 있게 되지"와 같이 긍정적인 의미로 쓰입니다.

의식하다

'의식하다'라는 말은 부정적인 감각을 필요 이상으로 느끼거나 무언가를 특별히 신경 쓸 때 사용하는 표현입니다. 자신의 생각, 글, 그림 등 스스로 만든 것에 대한 자신감이 없을 때 이런 현상이 일어나죠. 만약 아이가 누군가를 의식하며 신경을 쓰고 있는 경우라면, 이런 식의 말을 들려줄 수 있겠죠. "남 좀 의식하지 말자.", "남의 눈을 왜 이렇게 의식하는 거야?" 이때 중요한 건 뒤에 나올 말입니다. 아이가 타인을 의식한다고 지적만 하기보다는 "너 자신을 믿는 게 중요해.", "너라서 특별한 거야"라는 식의 말을 뒤에 덧붙여 표현하면, 타인을 의식하는 삶에서 벗어나 자신의 선택과 결과물을 굳게 믿고 사랑하는 사람으로 성장할 수 있습니다.

지켜보다

'지켜보다'라는 표현은 특히 아이의 안목을 키우는 데 결정적인 역할을 하는 말입니다. 스스로 주의를 기울여 무언가를 살펴보며, 그간 자신이 알고 있던 것과 비교해서 사소한 차이점이나 공통점을 찾는 과정을 표현한 말이라서 그렇습니다. 그러나 아이가 무언가를 집중해서 지켜보는 이때 만약 부모가 "뭘 그렇게 뚫어져라 보고 있어? 할 거 없으면 엄마나 좀 도와줘"라고 말한다면 어떨까요? 아이는 '이렇게 가만히 있는 건 쓸모가 없는 일이구나'라고 생각하고는 '지켜보는' 멋진 행위를 더는 하지 않게 됩니다. 그러니 아이가 혼자 무언가를 보며 생각에 잠겨 있을 땐 꼭 다가가서 "뭘 그렇게 집중해서 지켜보고 있어?"라는 한마디 말을 해주세요. 그 한마디로 아이가 볼 수 있는 세계는 더 넓어지고 깊어집니다.

일상 활용법

지켜본다는 말은 참 아름다운 표현입니다. 스스로 마음을 내서 어떤 대상을 충분히 이해할 때까지 바라보겠다는 의미가 녹아 있으니까요. 주변을 의식하며 사는 삶을 완전히 벗어날 수는 없겠지만, 그래도 아이가 자기만의 세계를 구축해서 살기를 바란다면, 아래 소개하는 예시를 통해서 좀 더 나은 말을 들려주려고 노력하는 게 좋습니다.

"주변을 너무 의식하면 실력이 제대로 나오지 않아."

"개구리가 우는 모습을 지켜보고 있었구나."

"친구를 배려하는 건 좋지만, 그렇다고 너무 의식할 필요는 없어."

"한 가지를 오랫동안 지켜본 적이 있니? 그때 기분이 어땠어?"

찢었다 / 사로잡다

찢다 「동사」 「1」 물체를 잡아당기어 가르다.
사로잡다 「동사」 「2」 생각이나 마음을 온통 한곳으로 쏠리게 하다.

　　요즘 아이들은 물론 어른까지 참 자주 사용하는 표현이 하나 있죠. 바로 '찢었다'라는 말인데요. 사실 부모들도 고민이 많습니다. 이 말을 정말 쓰기 싫은데, 대신할 표현이 뭔지 딱히 잘 생각이 나지 않아서죠. 이때 '찢었다'라는 말 대신 쓰면 더욱 기품 있게 말할 수 있는 표현이 바로 '사로잡다'입니다. 예를 들어 어떤 가수가 무대를 잘 마치고 돌아오면 다들 이렇게 말하죠. "무대를 찢었네!" 하지만 '사로잡다'라는 표현으로 바꾸면 저절로 그 무대에 대한 자신의 생각과 마음까지 담아서 이렇게 말하게 됩니다. "이번에 내가 좋아하는 가수가 무대에서 노래, 춤, 비주얼, 표정 연기까지 완벽에 가까운 무대를 보여 줘서 내 마음을 사로잡았어!" 갑자기 이렇게 섬세하게 표현할 수 있었던 이유가 뭘까요? '사로잡다'라는 표현의 중심에 '마음'이 자리 잡고 있어서 그렇습니다. 우리는 늘 '마음을 사로잡다'라고 말하죠. 맞아요, 마음을 포함한 말이라, 이 표현을 사용하면 마음이 어떤지 섬세하게 설명할 수 있습니다.

찢었다

'찢었다'라는 말은 주로 종이같이 얇은 것을 양쪽에서 다른 방향으로 비틀어 분리시키는 동작인 '찢다'라는 말에서 나왔습니다. 처음에는 래퍼들의 배틀 등에서 한쪽이 다른 한쪽을 이겼을 때 '상대방을 찢었다'라는 식으로 사용되다가, 지금은 다양하게 활용되고 있습니다. 예를 들면, 논리와 팩트로 한 사람이 다른 한 사람을 압도할 때, 가수가 무대에서 멋진 퍼포먼스를 보여줄 때가 있겠죠. 여러분은 어떤가요? 이런 여러 상황에서 느껴지는 기쁨과 환희, 그리고 전율을 그저 '찢었다'라는 한마디로 압축해 전달하는 것이 과연 아이 삶에 좋은 영향을 미칠 수 있을까요?

사로잡다

'사로잡다'라는 말은 참 아름답습니다. 생각이나 마음을 온통 한곳으로 쏠리게 하는 모습을 표현한 말이라서, 좋은 마음과 함께 나올 가능성이 높은 말이기 때문입니다. 예를 들어 보겠습니다. 읽으면서 여러분의 마음을 한번 느껴보세요. "그는 자신의 경험을 바탕으로 한 연설로 듣는 사람의 마음까지 사로잡았다.", "그 친구의 노력은 경쟁자의 마음까지 사로잡을 정도로 뜨거웠다." 이걸 다시 찢었다는 말로 바꾸면 이렇게 되겠죠. "연설 찢었네!", "경쟁자 찢었네!" 일단 '사로잡다'라고 말하면, 표현은 섬세해지고 좀 더 부드러운 언어로 자신의 마음을 설명할 수 있습니다. 아이의 성향이나 태도까지 바꿔 줄 기적의 표현인 셈이죠.

일상 활용법

이제는 '찢었다'라는 말보다 '사로잡다'라는 말이 왜 귀한지 알게 되셨을 겁니다. 변화는 언제나 아는 것에서부터 시작합니다. 안다는 건 실천할 가치를 느끼고 있다는 증거이니까요. 다음 예시를 실천하며 그 멋진 삶을 시작하세요.

"'찢었다'라고 말하면 무대를 보지 못한 사람들은 그 장면을 생생하게 그리지 못하게 되지."

"'찢었다'라는 말을 '사로잡다'라고 바꾸면, 같은 말도 전혀 다르게 바뀌지 않을까?"

"아, 이번 발표에서 바로 그 표현이 친구들의 마음을 사로잡았구나."

"방금 네가 연주한 그 부분이 내 마음을 사로잡았어."

느끼다 / 깨닫다

느끼다 「동사」「1」 감각 기관을 통하여 어떤 자극을 깨닫다.

깨닫다 「동사」「1」 사물의 본질이나 이치 따위를 생각하거나 궁리하여 알게 되다.

　　색다른 영감을 얻기 위해 산책을 하러 나서는 사람들이 있습니다. 하지만 그게 잘 되나요? 마음처럼 되지 않는 이유는 간단합니다. 영감이란 산책으로 나오는 게 아니라, 일상을 보내면서 문득 생각이 찾아왔을 때 산책을 하러 나가, 그런 생각들을 정리하면서 얻을 수 있는 것이기 때문입니다. 영감을 얻으려면 일상을 농밀하게 사는 게 우선이죠. 이처럼 순서를 제대로 알지 못하면 무엇이든 깨닫지 못하게 됩니다.

　　'느끼다'와 '깨닫다' 역시 마찬가지로 순서가 중요한 어휘입니다. 우리는 언제나 무언가를 깊이 느낀 나중에야 비로소 깨닫게 되죠. 일상에서 아이의 느낌을 소중하게 여기는 말을 자주 들려주세요. 그리고 깨달음이라는 것은 느낌 그 이후에 선물처럼 찾아오는 부록이라는 사실도 알려 주세요.

느끼다

무언가를 느낀다는 건 매우 중요한 행위입니다. 살면서 무언가를 느낄 수 없다면, 말로 할 수 있는 것도 글로 쓸 수 있는 것도 없기 때문입니다. 나날이 무언가를 느낄 수 있어야, 그 속에서 지성을 쌓을 수 있습니다.

때로는 감각 기관을 통해서, 때로는 마음으로, 때로는 무언가를 체험하며 아이들은 새로운 것을 느낍니다. 이때 평소에 미세한 감각을 자극하는 표현을 자주 들려주시면 좋습니다. "좀 더운 기운이 느껴지니?", "길에서 돈을 구걸하는 사람을 보니 슬픈 마음이 느껴졌구나?", "이번에 저지른 실수에 대한 책임감을 느끼고 있니?" 이렇게 아이와 접하는 다양한 장면에서 인간이 언어를 통해서 무언가를 느낀다는 것이 얼마나 중요한 지적 행위인지 알려 주세요.

깨닫다

'깨닫다'라는 말이 중요한 이유는 '느끼다'라는 말 다음에 반드시 와야만 하는 표현이라서 그렇습니다. 무언가를 깨닫기 위해서는 먼저 '느낌'을 갖는 단계를 거쳐야 합니다. 접촉하거나 마찰해서 느낀 경험이 없다면, 충분히 이해하거나 관찰할 수 없으니 깨달음도 찾아오지 않죠. 사물의 본질이나 어떤 현상에 대해서 생각하며 느낀 것들을 말과 글로 표현할 수 있을 때, 우리는 그걸 '깨달았다'라고 말합니다. "그래, 이제 네 잘못을 깨달았니? 뭘 통해서 잘못을 깨닫게 된 거야?" 이런 방식으로 아이의 잘못을 언급할 때도 깨달음 이전에 받은 느낌을 언급하고 그게 무엇이었느냐고 질문하며 자연스럽게 아이가 생각하고 반성할 수 있도록 하시는 게 좋습니다.

일상 활용법

식사할 때나 새로운 옷을 입을 때, 아이에게 전과 다른 느낌을 질문할 수 있다면 아이는 매일 새로운 느낌을 하나하나 쌓을 수 있습니다. 그렇게 섬세하게 주변을 바라보고 무언가를 느끼며 사는 삶은 아이를 저절로 깨달음의 길로 이끌죠. 아래 예시를 참고해서 지금부터 시작해 보세요.

"더 자주 시도하고 경험하고 느끼면, 깨달음의 순간도 더 자주 만날 수 있어."

"오늘 먹은 돈가스는 전에 먹은 돈가스랑 뭐가 다르니? 네가 느낀 걸 얘기해 줄래?"

"무엇인가를 깨닫는다는 건 억지로 시켜서가 아니라 스스로만 할 수 있는 거야."

"와, 오늘 입은 그 옷 느낌 좋은데!"

"한 번 **생각하고** 나온 답과 두 번 **생각하고** 나온 답은 다르지."

"잘못된 건 잘못되었다고 **비판할** 용기를 가져야 해."

"지금 아무리 나쁜 일이 있어도, **낙관적으로** 생각하다 보면

미래가 좋게 바뀌어."

"**복잡한** 문제는 풀면 되고, **다양한** 선택지 중에서는 하나를

선택하면 되는 거야."

_____

_____

_____

_____

_____

"**한** 가지를 오랫동안 **지켜본** 적이 있니? 그때 기분이 어땠어?"

_____

_____

_____

_____

"방금 네가 연주한 그 부분이 내 마음을 **사로잡았어**."

_____

_____

_____

"오늘 먹은 돈가스는 전에 먹은 돈가스랑 뭐가 다르니? 네가

느낀 걸 얘기해 줄래?"

_____

_____

_____

_____

_____

말꼬리 / 말 연습

말꼬리 「명사」 한마디 말이나 한 차례 말의 맨 끝.

말 「명사」 「1」 사람의 생각이나 느낌 따위를 표현하고 전달하는 데 쓰는 음성 기호. 곧 사람의 생각이나 느낌 따위를 목구멍을 통하여 조직적으로 나타내는 소리를 가리킨다.

연습 「명사」 학문이나 기예 따위를 익숙하도록 되풀이하여 익힘.

"어른들 이야기하는데 어디서 말꼬리를 잡아! 이 녀석아, 넌 가서 공부나 해!" 아이들이 말꼬리를 잡고 늘어지면 짜증이 나서 이런 식으로 반응하게 됩니다. 하지만 이런 반응은 아이의 성장을 '적극적으로 막는' 최악의 말입니다. 그 말이 아이에게는 이렇게 들리기 때문입니다. "넌 아무런 생각도 하지 마! 엄마 아빠가 내리는 명령만 들어!" 부모의 입에서 나오는 말과 아이 귀에 들리는 말은 이렇게 늘 서로 다를 수 있습니다. 아이가 말꼬리를 잡으면서, 부모의 말을 하나하나 반박하거나 자기 의견을 주장하는 건 지금

뇌가 급격하게 성장하고 있다는 증거입니다. 정작 도움이 필요한 사람은 말꼬리 잡는 아이가 아니라, 어떤 문제와 질문에도 답하지 못하고 자기 생각을 표현하지 못하는 아이입니다. 말꼬리를 열심히 잡는다는 것은 두뇌와 내면이 잘 자라고 있다는 매우 긍정적인 신호입니다. 그래서 '말꼬리'를 잡는 게 아니라 '말 연습'을 하고 있다고 생각하며 접근하시는 게 좋습니다.

말꼬리

사전적으로 해석하면 '말꼬리'는 실제로 한마디 말이나 한 차례 말의 맨 끝을 의미합니다. 그래서 더욱 중요하죠. 아이가 말꼬리를 잡는다는 것은 '한마디 말의 끝'과 자신이 하려는 '한마디 말의 시작'을 자연스럽게 연결할 수 있게 되었다는 사실을 의미하니까요. 언어 성장의 관점에서 볼 때 이건 기적과도 같은 기쁜 일입니다. 그런데 부모가 말꼬리 잡는 것을 자꾸 부정적으로 표현하면, 아이도 그걸 나쁘다고 생각해서 자기 생각을 전하려는 의지를 스스로 포기하게 됩니다. 적극적인 의견 제시는 나쁜 일이라고 생각하는 거죠. 그럴 땐 이렇게 표현해 주시는 게 좋습니다.

"말꼬리를 예쁘게 잡으면 네 생각도 예쁘게 표현할 수 있지.", "세상에 나쁜 말은 없어, 좋은 의미로 표현할 수 있다면.", "네가 말하는 모습은 참 예뻐. 그런데 표현도 좀 더 예뻤으면 좋겠어."

말 연습

'말 연습'이라니, 정말 아름다운 표현입니다. 어른의 기준으로 봤을 땐 다소 투박하고 정제되지 못한 표현이지만, 그럼에도 아이가 자신의 생각을 전할 때 어떻게 말할 수 있을까요? "말꼬리나 잡고 누가 그렇게 하라고 했어!"라고 야단을 치기보다는 "우리 ○○이, 말 연습을 하고 있구나. 연습하면 점점 나아질 거야"라고 말할 수 있다면, 아이는 좀 더 편안한 마음으로 생각을 전할 수 있습니다. 그렇게 다 받아 주면 아이 버릇이 나빠질 수 있다고 걱정할 수도 있습니다. 하지만 이건 단순히 받아 주는 것이 아니라 기회를 주는 일입니다. 전혀 다른 개념이죠. 생각을 말로 바꾸는 연습을 더 편안하게 할 수 있게 '말 연습'이라는 표현을 자주 사용해 주세요. 그럼 아이도 연습을 통해 더 나은 말을 할 수 있다는 믿음을 가지게 됩니다.

언어 방면에서 최고 수준의 능력을 가진 아이들이 어릴 때 공통적으로 느낀 감정이 무엇인지 아시나요? 바로 '편안함'입니다. 자신이 어떤 말을 해도 부모님이 차분하게 잘 들어 주실 거라는 믿음이 그 아이들의 언어 수준을 뛰어나게 만든 거죠. 늘 심적으로 불안한 가정에서는 아이들이 제대로 말을 할 수가 없으니 자연스럽게 생각까지도 하지 않게 됩니다. 행복한 말 연습을 통해서 아이가 높은 언어 수준을 갖기를 바란다면 이런 말로 그 가치를 전해 주세요.

"말은 자꾸 연습하면 더 나아지는 법이야."

"내가 듣기에도 좋은 말을 계속 연습하면 내 하루도 예뻐져."

"말꼬리를 잡는 건 좋지만, 다정한 말이라면 좀 더 좋겠어."

"오늘은 어떤 단어를 주제로 말 연습을 해 볼까?"

검색하다 / 탐색하다

검색하다 「동사」 「2」 책이나 컴퓨터에서, 목적에 따라 필요한 자료들을 찾아내다.

탐색하다 「동사」 사라지거나 드러나지 않은 사물이나 현상 따위를 자세히 살펴
찾다.

    검색이 '남의 지식'을 찾는 일이라면, 탐색은 '나의 지식'
을 찾는 일입니다. 뭐가 더 중요하다거나, 이것만 꼭 해야
한다고 말할 수는 없습니다. 탐색을 통해서 나만의 지식과
정보를 찾는 것도 중요하고, 기본적인 지식을 갖추기 위해
서 검색을 통해 타인이 오랫동안 하나하나 쌓아올린 지식
도 알아야 하기 때문이죠. 검색이 중요한 또 하나의 이유
는 적절한 키워드로 '질문할 줄 아는 법'을 스스로 깨칠 수
있게 해준다는 점입니다. 나중에 탐색을 할 때도 그런 역량
이, 좀 더 내밀한 것들을 찾는 데 도움이 되기도 하죠. 둘

다 모두 중요하다는 생각으로, 이어지는 글을 읽어 주시면
됩니다.

검색하다

다양한 의미로 사용할 수 있겠지만, 아이들이 주로 인식
하고 쓰는 '검색하다'의 의미는 인터넷이나 책에서 원하는
자료를 찾아내는 행동을 말합니다. 적절한 키워드를 통해
누군가 만든 유튜브 영상이나 글, 표나 사진 등 자료를 찾
아서 원하는 목적에 맞게 활용할 수 있죠. 검색도 물론 매
우 중요한 지적 행위입니다. 다만, 검색해서 나온 모든 정보
는 자신의 경험이나 통찰을 통해 나온 지식이나 자료가 아
니고 모두 타인의 것이라, 아이의 지적 성장에 큰 도움이
되지는 않습니다.

탐색하다

매우 적극적으로 지성을 갈구하는 표현이라고 볼 수 있
습니다. 진취적이며 동시에 지적이라, 두 가지 장점을 아이
에게 모두 줄 수 있죠. 겉으로는 당장 보이지 않지만 안에

숨어 있거나 녹아 있는 사물이나 어떤 현상을 찾거나 밝히기 위해 움직이는 모습을 표현한 말입니다. 탐색하는 사람이 갖는 장점은 분명합니다. 찾아서 보고 듣고 느낀 모든 것이 '나만의 지식과 정보'가 된다는 사실입니다. 아무도 모르지만 나만 알고 있는 것이 늘어나서, 나중에는 이를 토대로 자기만의 생각을 담아 말하고 글을 쓸 수 있는 사람으로 성장할 수 있습니다.

일상 활용법

학교에 가면 검색을 더욱 자주 하게 됩니다. 숙제나 수업 준비 등으로 이것저것 자료를 찾아야 해서, 평소 좋은 자료를 잘 찾아낼 수 있는 질문 능력을 가진 아이는 유리할 수 있습니다. 검색 능력이 좋아지면, 그렇게 얻은 질문 능력과 쌓은 지식을 통해서 탐색도 잘할 수 있게 되니 지성의 선순환이 이루어집니다. 아래 예시로 아이가 검색과 탐색의 정의를 스스로 내릴 수 있게 해주세요.

"제대로 검색하면 남이 오랫동안 연구한 지식을 쉽게 읽고 배울 수 있지."

"무엇이든지 스스로 찾고 경험하며 탐색하는 네 모습이 참 예뻐."

"검색을 하면 남의 지식을 찾을 수 있고, 탐색을 하면 나만의 지식을 찾을 수 있단다."

"어떻게 검색하면 원하는 자료를 찾을 수 있을까? 질문을 제대로 해야 원하는 걸 찾을 가능성도 높아져."

욕심 / 욕망

욕심 「명사」 분수에 넘치게 무엇을 탐내거나 누리고자 하는 마음.

욕망 「명사」 부족을 느껴 무엇을 가지거나 누리고자 탐함. 또는 그런 마음.

부모라면 반드시 '욕심'과 '욕망'을 제대로 구분할 수 있어야 합니다. 욕망은 순수한 성장의 에너지 역할을 하지만, 반대로 욕심은 어렵게 만든 성장 에너지를 소모하게 만들기 때문입니다. 마음에 욕심이 가득한 아이는 무엇을 보고 듣고 배워도 그것들을 내면에 담지 못합니다. 욕심이라는 벽이 무엇도 들어오지 못하게 막아서 그렇죠. 인간은 부족한 부분을 채우며 성장하는 존재입니다. 이때 필요한 것이 바로 욕망입니다. 욕망이란 스스로 부족함을 깨닫고 빈 공간을 채우는 과정에서 나오는 감정이라 그렇습니다. 반면에 욕심은 전혀 다릅니다. 스스로 무엇이 부족한지 전혀 알지 못한 상태에서 분수에 맞지 않는 것들을 탐욕스럽게 갈구합니다. 그렇게 살다 보면 아이는 스스로도 만족하지 못하고, 나중에는 주위 사람들로부터 외면받고 사회적으로도 고립됩니다. 결코 쉽게 볼 문제가 아니죠. 만족을 모르면 행복이라는 감정도 알지 못하는 사람이 됩니다.

욕심

어른도 그렇지만 욕심이 많은 아이는 만족을 모릅니다. 집에 아무리 장난감이나 게임기가 많아도, 아이는 늘 자신이 궁핍하다고 생각하죠. 게다가 욕심이란 분수에 넘치게 무엇을 탐내거나 누리고자 하는 마음이라 더욱 위험합니다. 충분한 여력이 되어서 무언가를 해주는 게 아니라, 부족한 상태에서 분수에 넘치는 행위를 하는 것이므로 결국에는 아이와 부모 모두에게 상처가 될 장면을 만나게 됩니다. "나 장난감 사줘. 다른 친구들도 다 있단 말이야"라는 식의 말로 아이가 떼를 쓸 때 어떻게 하면 좋을까요? '내가 부모라면 이 정도는 해줘야지!'라는 마음에 자꾸 무언가를 사주지 마시고, 냉정하게 말할 필요가 있습니다. 단, 중요한 건 아이가 알아들을 수 있게 이렇게 말해야 한다는 것입니다. "네가 지금 가진 장난감에 만족하지 못한다면, 아무리 많은 장난감을 가져도 결코 만족하지 못할 거야. 지금 갖고 있는 장난감으로 일단 행복하게 놀아 보자."

욕망

'욕망'이라는 말을 부정적으로 생각하는 사람이 많습니다. 특유의 뉘앙스 때문이죠. 하지만 전혀 그렇지 않습니다. 욕망이란 인간의 가장 자연스러운 마음이고, 자신의 어느 한 부분에서 부족함을 느껴서 무언가를 가지거나 채워 풍족하게 하려는 마음을 표현한 말입니다. '부족함을 느껴서' 라는 부분이 핵심입니다. 부족한 부분을 느낀다는 것 자체가 매우 긍정적인 신호이기 때문입니다. 그러니 만약 아이가 "의자가 낡아서 앉아 있기 힘들어. 하나 사야할 것 같아"라고 말한다면, "좀 더 편하게 앉아서 책을 읽고 싶구나. 그래, 이번에 하나 사자"라고 답하면 되죠. 이렇듯 무언가를 하고 싶은 마음, 즉 '바람'이나 '소망', '꿈'은 욕망과 의미가 유사한 단어라고 생각하면 됩니다. 하지만 욕망을 잘못 해석해서 소망이나 꿈을 말하는 아이에게 "그건 지나친 욕망이야"라는 식의 말을 들려준다면, 아이는 자신이 품은 것들이 나쁜 거라고 생각해 점점 꿈을 잃게 되겠죠.

일상 활용법

욕심은 있던 꿈과 희망도 점점 사라지게 만들고, 욕망은 자신의 부족함을 인지하게 해주는 덕분에 더 멋진 내일을 꿈꿀 수 있게 해줍니다. 욕심으로 가득한 하루를 보내는 아이가 있다면 부모가 적절한 말로 건전한 욕망이 무엇인지 알려 주세요. 아이는 그 계기를 통해 희망적인 하루를 사는 아이로 자랄 수 있습니다. 다음 예시를 참고하면 그 방법이 어떤 것인지 짐작하실 수 있을 겁니다.

"'욕심'과 '욕망'은 뭐가 다른 걸까? 넌 어떻게 생각하니?"

"더 나아지려는 마음은 좋은 욕망이야. 사람을 성장하게 해주니까."

"이미 충분히 갖고 있는데 또 가지려 하는 건 욕심이야."

"너에게 부족한 부분이 무엇인지 잘 알고 있구나. 멋진 욕망을 가진 사람들은 늘 그렇게 자신을 성장시키지."

그런데 / 하지만

그런데 「부사」「1」 화제를 앞의 내용과 관련시키면서 다른 방향으로 이끌어 나갈 때 쓰는 접속 부사.

하지만 「부사」 서로 일치하지 아니하거나 상반되는 사실을 나타내는 두 문장을 이어 줄 때 쓰는 접속 부사.

'하지만'이라는 표현이 앞의 내용과 뒤에 나오는 내용이 상반될 때만 쓰는 말이라면, '그런데'라는 표현은 활용 범위가 조금 넓습니다. 짐작도 못한 일이 생겼을 때, 화제를 바꿀 때, 무언가를 소개하거나 설명할 때, 어떤 일을 하고 있는 도중에 다른 일이 생겼을 때, 우리는 '그런데'라는 접속사를 사용할 수 있죠. 그 다양한 활용법은 뒤에서 소개하기로 하고, 여기에서는 접속사의 가치에 대해서 먼저 전하고 싶습니다. 전혀 다른 이것과 저것을 하나로 연결한다는 건, 앞으로 보고 듣고 배울 게 많은 아이들에게는 지식과 지식을 연결할 기회를 제공하는 것과 같습니다. 자신의 생각과 배운 지식을, 본래 아는 지식과 새롭게 익힌 지식을, 그렇게 다양한 곳에서 서로 다른 생각과 의견을 연결하며 아이의 세계도 함께 확장합니다. 그 멋진 일을 책이나 강연이 아닌, 접속사 하나만 제대로 활용해도 할 수 있죠.

그런데

생각을 크게 확장하거나 안에 있던 아이디어와 영감을 바깥으로 꺼내 현실로 만드는 힘을 가진 아이로 키울 수 있는 말입니다. '그런데'라는 접속 부사는 화제를 앞의 내용과 관련시키면서 다른 방향으로 이끌어 나갈 때 쓰는 표현이라서 그렇습니다. 이런 방식으로 말할 수 있죠. "그 생각 참 좋다. 그런데 그걸 일상에서 실천하려면 어떻게 해야 할까?", "이번에도 시험 준비를 열심히 하고 있네. 그런데 결과까지 좋으려면 어떻게 준비해야 할까?" 생각없이 사용하던 접속사 하나도 이렇게 아이의 내면에 가진 가치를 확장시킬 수 있습니다. '그런데'라는 말을 이렇게 사용하시면 아이가 앞으로 자신의 지식이나 능력, 투자한 노력을 좋은 결과로 이어지게 만들 수 있죠.

하지만

서로 일치하지 않거나, 상반되는 사실을 나타내는 글과 말을 하나로 연결할 때 쓰는 접속 부사입니다. 여기에서 중요한 건 '접속'이라는 지점입니다. 서로 다른 의미를 하나로 연결해야 하기 때문에 '하지만'이라는 표현을 자주 사용하는 아이는 자신도 모르게 완전히 다른 의견도 받아들일 수 있습니다. 동시에 이해력도 높아지며, 그걸 자신의 다른 의견과 연결하는 힘도 기를 수 있습니다. 이를테면 이런 식으로 말이죠. "그 친구는 약속 시간에 늦었어. 하지만 그럴 수밖에 없는 이유가 있었지." 어떤가요? 읽기만 해도 마음까지 따뜻해집니다. 친구를 이해하는 마음이 녹아 있어서 그렇죠. '하지만'이라는 접속사를 멋지게 활용하면 누구나 만날 수 있는 일입니다.

일상 활용법

이것과 저것을 새롭게 연결할 수 있게 돕는 접속사는 이제 막 삶을 시작한 아이들에게는 지성의 통로입니다. 접속사 하나로 아이라는 하나의 우주를 크게 확장할 수 있는 기회는 오직 부모에게만 주어지는 특권입니다. 아래 예시를 이해할 때까지 충분히 읽고 내면에 담아 그 특권을 마음껏 즐기시길 바랍니다.

"한 번 생각하면 오해할 수도 있어. 하지만 두 번 세 번 생각하면 달라지지 않을까?"

"와, 정말 멋진 걸 찾아냈네! 그런데 그걸 어떻게 설명하면 좋을까?"

"네가 크게 소리 지른 건 잘못한 거야. 하지만 사과했으니 엄마가 예쁘게 안아 줄게."

"너는 그렇게 생각했구나. 그런데 그걸 현실에서 가능하게 하려면 어떻게 해야 할까?"

설명하다 / 설득하다

설명하다 「동사」 어떤 일이나 대상의 내용을 상대편이 잘 알 수 있도록 밝혀 말
하다.

설득하다 「동사」 상대편이 이쪽 편의 이야기를 따르도록 여러 가지로 깨우쳐 말
하다.

'설명하다'라는 말과 '설득하다'라는 말은 생각보다 훨씬
더 중요하고 귀한 단어입니다. 그냥 별 생각없이 말할 수
있는 표현이 아니기 때문입니다. 우리가 물건이나 현상을
알아볼 수 있는 이유는 뭘까요? "저건 의자야.", "이건 이렇
게 사용하는 거야"라는 식으로 말이죠. 그건 설명할 수 있
기 때문입니다. 네, 우리는 설명할 수 있는 것만 볼 수 있
습니다. 아무리 봐도 설명할 수 없다면 보이지 않는 것이
죠. 그럼 아이가 더 많은 것을 보게 하려면 어떻게 해야 할
까요? 보고 느낀 것을 계속 설명할 수 있게 해줘야 합니다.

그래야 시선을 확장해 더 많은 것을 볼 수 있죠. 설득은 그 이후의 일입니다. 설명을 통해서 내면에 쌓은 게 많아야 그걸 자산으로 삼아 누군가에게 자신의 생각을 전파하며 설득도 할 수 있습니다. 이 원리는 매우 중요하니, 이해할 수 있을 때까지 반복해서 읽어 보시길 추천합니다.

설명하다

앞서 말한 것처럼 설명은 모든 인간을 자기 삶의 천재로 만드는 최고의 지적 도구입니다. 설명이란 어떤 일이나 대상의 내용을 상대편이 잘 알 수 있도록 말과 글로 표현한 것이므로, 그 과정에서 관찰력, 문해력, 창조력, 안목 등 아이가 가지면 좋을 수많은 능력이 발달하고 향상됩니다. 일상에서 부모가 아이에게 이런 말을 말버릇처럼 들려주면 아이에게 매우 멋진 영향을 선물할 수 있습니다. "지금 그 말 정말 좋다. 다시 한번 설명해 줄래?", "네 설명을 들으면 저절로 모든 게 이해가 돼.", "보고 듣고 느낀 걸 설명까지 할 수 있어야 해. 그래야 진짜 안다고 말할 수 있어." 어떤가요? 말하는 여러분이 먼저, '뭔가 새로운 걸 깨닫는 느낌'을 갖게 될 겁니다. 그 기분을 아이에게도 전해 주세요.

설득하다

설득이란 내 의견에 동의하지 않는 상대편이 나의 이야기에 공감하도록 여러 방법으로 깨우쳐 말하는 것을 뜻합니다. 설득은 정말 힘든 기술입니다. 힘든 이유는 간단합니다. '설명'을 잘 해낼 수 있는 수준이 되어야 '설득'을 시작할 수 있어서 그렇습니다. 예를 들어서 부모가 책을 읽지 않는 아이를 설득해 독서를 즐기는 아이로 만들고 싶다면, 부모 스스로 경험을 통해서 깨달은 독서의 기쁨을 설명할 수 있어야 합니다. 대부분의 부모님이 아이들 독서 교육에 실패하는 이유가 거기에 있습니다. 나도 잘 모르는데 어떻게 아이를 설득할 수 있을까요? 자신과 아이의 인생을 위해서 설명과 설득의 과정을 잘 아는 게 정말 중요합니다.

일상 활용법

우리는 스스로 설명할 수 있는 것만 볼 수 있습니다. 그래서 '설명하다'는 이제 막 무언가를 배우기 시작한 아이에게는 정말 귀한 가치가 녹아 있는 표현입니다. 모두가 같은 세상에서 비슷한 것을 보며 살지만, 결코 모두가 같은 것을 발견하며 사는 건 아니죠. 환경이 아닌 그것들을 보는 사람의 시각이 인생을 결정한다는 사실을 다시금 깨닫게 됩니다. 이런 말로 아이에게 설명과 설득의 정의와 가치에 대해서 알려 주세요.

"어떤 사람은 행복한데, 또 어떤 사람은 행복하지 않는 이유가 뭘까? 한번 설명해 볼래?"

"오늘 읽은 책 내용이 뭔지 아빠한테 설명 좀 해줄 수 있을까?"

"방금 네가 엄마한테 말한 내용을 동생에게도 알려 주려면 어떻게 설명해야 할까?"

"그 장난감을 왜 당장 사야 하는지, 엄마를 설득할 수 있다면 사 줄게."

평등하다 / 공평하다

평등하다 「형용사」 권리, 의무, 자격 등이 차별 없이 고르고 한결같다.

공평하다 「형용사」 어느 쪽으로도 치우치지 않고 고르다.

언론이나 방송에서 자주 듣게 되는 말이죠. '공평하다' 와 '평등하다'는 쉬운 개념은 아닙니다. 하지만 최대한 명료하게 설명하겠습니다. 예를 들어, '가위바위보를 하면 늘진다'라며 억울한 표정으로 하소연하는 아이들이 많죠. 대체 왜 억울하다고 말하는 걸까요? 가위바위보는 공평한 룰이지만, 평등하지는 않기 때문입니다. '공평'은 어느 쪽으로도 치우치지 않고 고르다는 의미로 '기회의 평등'만을 의미하는 것이고, '평등'은 권리와 의부, 사격 등 '모든 결과까지 평등'해야 한다는 사실을 의미하는 것이라 그렇습니다. 아이들이 승부에서 지고 분노하거나 우는 이유는, 승부가 평등하지 못했다고 생각했기 때문입니다. 아이들은 아직 마음이 약해서 억울한 일을 당했다고 생각할 때 민감하게 반응하며 분노합니다. 그럴 때 부모가 적절한 말로 아이의 분노를 잠재우려면, 평소에 공평과 평등의 의미를 잘 알고 있어야겠죠.

평등하다

평등이 실현되기 힘든 이유는, 시작이 아닌 결과까지 포함하고 있어서입니다. 인간에게 주어진 권리나 의무, 온갖 자격 등이 차별 없이 고르고 한결같아야 평등할 수 있지만, 그건 참 어려운 일이죠. 어떤 제도나 규제로도 인간이 평등해질 수는 없습니다. 오직 하나, 아이를 사랑하는 부모의 사랑만이 평등할 수 있죠.

아이들이 자주 항의하는(?) 문제가 하나 있습니다. "왜 나만 조금 주는 거야! 나도 많이 먹을 수 있는데." 그래서 많은 부모님이 아이가 다 먹지 못할 거라는 사실을 알면서도, 부모와 같은 양 만큼을 아이에게도 줍니다. 그때 이렇게 말씀해 주시면 좋습니다. "네가 한 입 먹으면 나도 한

입을 먹는 게 바로 공평이야. 그런데 어른과 아이가 먹은 한 입의 크기가 같지는 않겠지. 하지만 엄마는 너에게 같은 양을 주고 싶어. 사랑하는 마음이 그걸 원하거든." 이렇게 말해 주면 아이는 평등이란 사랑의 마음으로만 도달할 수 있는 가치라는 사실을 저절로 알게 됩니다.

공평하다

모든 사람에게 주어진 하루는 24시간입니다. 이때 우리는 이렇게 말할 수 있죠. "모든 사람에게는 공평하게 하루 24시간이 주어진다." 우리는 그 시간 동안 책을 읽을 수 있고 공부를 할 수도 있으며, 스마트폰으로 유튜브를 보거나 게임을 할 수도 있습니다.

대문호 괴테는 손자에게 이런 말을 들려주며, 시간의 가치와 함께 '공평'하다는 말이 무엇을 의미하는지 알려 줬죠. "하루에는 24시간이 있고, 1시간 안에는 1초가 수천 개나 있단다. 너는 무엇이든 할 수 있는 아이야." 여러분도 아이들에게 말해 주세요. 공평함이란 곧 기회를 의미합니다. 그래서 아이에게 공평함의 가치를 알려 주는 건 매우 중요하죠. 공평함의 가치를 깨달아야 시간의 가치도 알 수

있고, 하루를 소중하게 생각하는 멋진 사람으로 성장할 수
있습니다.

일상 활용법

'평등하다'와 '공평하다'라는 말은 이렇게 한 문장으로 압
축해서 정리할 수 있습니다. "기회는 모두에게 공평하게 주
어질 수 있지만, 그 결과까지 평등하게 만들기는 어렵다."
제가 평등하게 만들기는 '어렵다'라고 표현했죠. 어렵다고
한 이유는 불가능하지는 않다고 말하고 싶어서입니다. 사
랑하는 마음이 있다면 희생과 배려를 통해서 최소한 가정
에서는 평등을 이룰 수 있습니다. 아래 예시를 참고하시며
그 정의와 과정을 아이에게 들려주세요.

"하루는 모두에게 24시간으로 공평하게 주어진단다."
"사는 지역과 피부색에 상관없이 모든 인간은 평등하지."
"시험을 볼 기회는 모두에게 공평하게 주어지지만,
그 결과는 노력에 따라서 달라지니까 평등할 수 없어."
"모든 인간은 죽음 앞에서 평등하단다."

"**말**은 자꾸 **연습**하면 더 나아지는 법이야."

"**검색을** 하면 남의 지식을 찾을 수 있고, **탐색을** 하면 나만의

지식을 찾을 수 있단다."

"더 나아지려는 마음은 좋은 **욕망**이야. 사람을 성장하게 해주

니까."

_____

_____

_____

_____

_____

"너는 그렇게 생각했구나. **그런데** 그걸 현실에서 가능하게 하

려면 어떻게 해야 할까?"

_____

_____

_____

_____

"그 장난감을 왜 당장 사야 하는지, 엄마를 **설득할** 수 있다면

사 줄게."

"사는 지역과 피부색에 상관없이 모든 인간은 **평등하지**."

잔소리하다 / 조언하다

잔소리하다 「동사」 「1」 쓸데없이 자질구레한 말을 늘어놓다.

조언하다 「동사」 말로 거들거나 깨우쳐 주어서 돕다.

　　쓸데없이 이런저런 말을 듣기 싫게 하는 것을 '잔소리를 한다'라고 표현합니다. 세상에 잔소리를 좋아하는 사람은 없습니다. 그런데 왜 자꾸 반복해서 하게 되는 걸까요? 가장 빠르고 간단하게 아이를 바꿀 수 있기 때문입니다. 하지만 조언은 전혀 다릅니다. 조언의 가치는 지속성에 있습니다. 잔소리가 아이에게 일시적인 영향을 준다면, 조언은 영속적인 영향을 준다고 말할 수 있죠. 이유가 뭘까요? 조언은 아이에게 스스로 변할 수 있는 기회를 주기 때문입니다. 아이의 삶에서 중요한 건 주도권입니다. 주도권이 아이에게 있다면 그건 조언이고, 부모에게 있다면 그건 잔소리라고 볼 수 있죠. 지금 여러분의 표정을 한번 보세요. 주도권을 주려는 표정인가요, 아니면 "내가 당장 너를 바꾸겠어!"라는, 주도권을 강하게 쥔 표정인가요? 아이 인생에서 일어나는 대부분의 일은 주도권을 쥐고 스스로 해결할 수 있게 해주는 게 좋습니다. 스스로 생각하고 변해야, 노력한 시간이 모두 자신의 것이 되니까요.

잔소리하다

먼저, 아이가 나와 다른 존재라는 사실을 인정해야 합니다. 그게 생각처럼 쉽게 되지 않으니까 괴로운 마음에 하는 게 잔소리입니다. 냉정하게 말해서 아이는 내가 아닌 남입니다. 그러니 아이는 부모의 잔소리를 들을 때마다, 그 모든 것들이 부당하다고 느껴서 불만이 쌓이죠. 그렇게 사춘기에 쌓였던 모든 불만이 터져 나오는 것입니다. 없던 게 갑자기 나오는 게 아니라, 하루하루 차곡차곡 쌓았던 것들이 폭발하는 거죠. 어떻게 하면 잔소리를 최대한 줄일 수 있을까요? 부모가 스스로 인지하면 됩니다. 잔소리는 스스로도 쉽게 구분할 수 있습니다. 만약 아이 앞에서 말하고 있는 내 마음이 지금 괴롭다면 '아, 내가 지금 잔소리를 하고 있구나'라고 생각하시며 멈추면 됩니다.

조언하다

"엄마, 이 기계 어떻게 사용하는 거예요?", "이건 진짜 아무리 해도 모르겠다. 좀 알려주세요." 아이가 이렇게 무언가를 알려 달라고 할 때 들려주는 말이 바로 조언입니다. 내가 내 분을 참지 못해서가 아니라, 아이가 원할 때 말해야 하죠. 그래서 조언은 '말로 거들거나 깨우쳐 주어서 돕다'라는 의미를 품고 있습니다. 아이를 바꾸겠다는 생각이 아닌, 아이가 스스로 자신을 바꿀 수 있을 때까지 좋은 마음으로 도움을 주겠다는 생각이 있어야 실천이 가능한 말입니다. 일상에서 아이와 힘겨운 싸움을 매일 반복하는 부모의 마음은 언제나 '아이를 쉽게 바꿀 수 있는 간섭'이라는 유혹에 빠질 준비를 마친 상태라서, 더욱 아이에게 스스로 자신을 바꿀 기회를 주겠다는 강렬한 마음을 품고 있어야 합니다.

"저도 잔소리가 하고 싶어서 하는 게 아닙니다!""오죽하면 잔소리를 하겠어요!" 이렇게 말씀하시는 부모님이 계실 겁니다. 다 이해하고 충분히 공감합니다. 그래서 저는, 지금 잔소리와 조언에 대한 문제로 고민하고 있다면 여러분은 아이에게 정말 좋은 부모라는 사실을 말해 주고 싶습니다. '어떻게 하면 아이 마음에 상처를 주지 않고, 잔소리가 아닌 조언을 전할 수 있을까?'라는 마음을 품고 산다는 증거이니까요. 그런 마음이라면 여러분은 뭐든 해낼 수 있습니다. 아이가 그 사랑하는 마음을 몰라볼 수 없을 테니까요. 아래 예시로 그 사랑을 들려주세요.

"자동차가 아무리 좋아도 소용 없어. 운전도 자주 해 봐야 실력이 늘잖아. 사람도 그래. 주도적으로 해 봐야 하지."

"아빠의 조언이 필요하면 언제든 말하렴. 아빠는 언제든 준비를 마친 상태니까."

"엄마 말이 잔소리처럼 들리면 꼭 알려 줘. 엄마도 잔소리는 정말 하고 싶지 않거든."

"뭐든 스스로 해 보는 게 정말 중요해. 그럼 자신에게 멋진 조언자가 될 수 있지."

개입하다 / 간섭하다

개입하다 「동사」 자신과 직접적인 관계가 없는 일에 끼어들다.

간섭하다 「동사」 직접 관계가 없는 남의 일에 부당하게 참견하다.

아마 많은 부모님들이 고민했던 문제일 것입니다. 아이를 키우다 보면 다양한 지점에서 이런 고민을 하게 됩니다. "지금 내가 아이에게 하려는 건 과연 '개입'일까, 아니면 '간섭'일까?" 부모가 너무 심하게 간섭하면 아이는 생각하려는 시도를 모두 멈추고 명령만 기다릴 것이고, 그렇다고 그냥 자유롭게 두면 게임 중독이나 무기력 등 온갖 문제가 생기니 늘 적절한 때를 찾는 게 참 어렵습니다. 그럼, 어디서부터가 '간섭'이고, 어디까지가 '개입'인지 지금부터 알아보죠.

개입하다

개입의 조건은 아이들의 '허락'입니다. 아이들이 부모에게 도움을 구할 때 들어가면, 그게 바로 개입이 되는 거죠. "이건 어떻게 해야 돼요?", "저 이거 정말 모르겠는데 좀 도와주세요." 이런 말이 바로 아이가 부모의 개입을 요청하는 표현들이죠. 이때 꼭 기억해야 할 게 하나 있습니다. 바로 믿음이죠. 아이가 도움이 필요할 때 내게 도움을 요청할 것이라는 믿음을 품고 있어야, 아이가 요청할 때까지 기다릴 수 있으니까요. 그렇게 믿음으로 개입하면 아이가 고민하는 문제를 더 효율적으로 해결할 수 있으니, 늘 아이의 마음을 읽으며 때를 기다리는 게 중요합니다.

간섭하다

어른도 그렇지만 세상의 모든 간섭은 아이에게 일방적인 충고나 조언처럼 느껴집니다. 세상에 충고나 조언을 반기는 사람은 별로 없습니다. "내가 반드시 너를 변화시키겠어!"라는 의지가 그 안에 녹아 있어서 그렇습니다. 아이 입장에서 자신이 원한 게 아닌데 부모가 일방적으로 간섭을 하면, 자기 일에 훼방을 놓으며 못살게 군다는 생각이 들게 되죠. 간섭으로 들어가면 표현도 이렇게 바뀝니다. "너, 내가 그럴 줄 알았지!", "네가 별 수 있겠어!" 자꾸만 말로 아이를 찌르게 됩니다. 그래서 간섭하려는 마음이 들 때는 아이를 믿고 지켜보는 마음이 필요합니다. 부모가 믿음을 품으면 앞서 언급한 것처럼 간섭을 순식간에 개입으로 바꿀 수 있죠.

일상 활용법

맞아요, 이론을 아무리 배워도 현실은 참 쉽지 않죠. 부모도 사실 지금 개입을 하는 건지, 아니면 아이에게 간섭을 하는 건지 제대로 파악하는 게 쉽지 않습니다. 그럴 땐 아이에게 다음의 질문을 통해 솔직하게 생각을 묻는 게 좋습니다. "지금 엄마가 너에게 명령을 하는 것처럼 느끼니?", "혼자 할 수 있겠니? 아니면 아빠가 좀 도와줄까?", "친구랑 다툰 후에 혼자서 잘 해결할 수 있겠니?" 이렇게 간섭인지 개입인지 파악할 수 있게 돕는 말을 충분히 나눈 이후 일상에서 다음의 말들을 활용하시면 됩니다.

"자기랑 상관도 없는 일에 자꾸만 간섭을 하네."

"새로운 걸 배울 때 누가 자꾸 <u>간섭하면</u> 제대로 배우기 힘들지."

"엄마가 지금 <u>개입해도</u> 되겠니?"

"아무리 친해도 마음대로 <u>개입하면</u> 사람들이 싫어해."

개인주의 / 이기주의

개인주의 「명사」「3」 사회의 모든 제도에 있어서 개인의 가치를 존중하는 태도.

이기주의 「명사」 자기 자신의 이익만을 꾀하고, 사회 일반의 이익은 염두에 두지
않으려는 태도.

　　개인주의가 무엇인지 제대로 알지 못하면 개인주의와 이
기주의가 무엇인지 구분할 수 없으니, 자신도 모르게 이기
적인 삶을 살게 되는 고통에 빠질 수밖에 없습니다. 그래서
부모에게서 개인주의가 무엇인지 제대로 배우지 못한 아이
는 사회로 나가 단체 속에 있을 때, 자신도 모르게 이기적
인 행동을 해서 어울리지 못하고 자꾸 튕겨져 나오죠.

　　간단하게 이렇게 생각하시면 됩니다. 먼저, 어원상 개인
individual은 '더 이상 나뉠 수 없는 개체'를 뜻합니다. 결국 개
인주의individualism란 개인이 가질 수 있는 개성과 특성을 존

중하는 마음에서 나온 것이죠. 하지만 이기주의란 자기만의 이익을 중심에 두고, 타인의 이익은 전혀 고려하지 않는 것을 말합니다. 다시 말해서 자신의 고유성이나 특성만 주장하고, 타인에게도 역시 그럴 권리가 있다는 사실은 인정하지 않는 태도입니다. 개인주의의 장점을 자신에게만 적용하는 것이 바로 이기주의라고 생각하시면 편합니다.

개인주의

아이에게 스스로 무언가를 해낼 자유를 허락하는 것이라고 생각하시면 됩니다. 만약 여러분이 개인주의 관점으로 아이를 키운다면, 저절로 간섭이나 억압 또는 명령을 하지 않고 살 수 있게 되죠. 개인주의가 가진 좋은 점을 아이에게 전파하고 싶다면, 개인이 가진 가치를 존중하는 말을 자주 들려주시는 게 좋습니다. "너는 너라서 특별한 거야.", "세상이 말하는 정답보다 네가 스스로 생각한 오답이 더 중요해." 이런 방식의 말로 아이가 가진 능력과 소질을 최대한 세상에 꺼낼 수 있다면, 다른 사람이 아닌 나라서 가능한 인생을 살 수 있게 만들 수 있습니다.

이기주의

이기주의가 부정적으로 느껴지는 이유는 오직 자신의 권리와 독창성만 중요하게 생각하고, 타인 역시 그런 가치를 추구할 욕망이 있다는 사실 자체를 거부하고 받아들이지 않기 때문입니다. 이런 정신 상태로 아이가 성장하게 되면 타인을 생각하고 배려하는 마음을 가질 수 없습니다. 더 큰 문제는 감정이입을 전혀 하지 못해서 공감력이 크게 떨어진다는 사실에 있죠. 공감력이 떨어지면 학습 능력도 기대할 수 없고 세상에 나가서 어떤 일도 제대로 수행할 수 없게 됩니다. 그런 최악의 상태로 만들고 싶지 않다면, 이기주의가 나도 모르게 나를 망치는 거라는 사실을 이런 말로 알려 줄 필요가 있습니다. "네가 원하는 좋은 건 친구들도 같은 마음으로 원하고 있을 거야.", "네가 하기 싫은 건 친구에게도 요구하면 안 되는 거야."

일상 활용법

개인주의가 자신의 삶을 주도적으로 사는 모습을 표현한다면, 이기주의는 나만 그렇게 살아야 한다는 모순된 삶의 모습을 표현한 말입니다. 물론 이기주의가 무조건 나쁘다고 말할 수는 없습니다. 뭐든 아름답게 활용할 수 있으니까요. 다만 아래 소개하는 예시를 통해 아이에게 개인주의와 이기주의가 각각 무엇을 의미하는지에 대해서는 꼭 알려 줘야 합니다. 알아야 구분하고 스스로 책임지는 삶을 살 수 있으니까요.

"다수가 옳다고 말하는 길을 쫓아가지 않고, 너만의 생각을 따르는 멋진 개인주의자가 되기를 바란다."

"나도 하기 싫은 걸 동생에게 시키는 건 이기주의 같은 행동 아닐까?"

"엄마는 너의 가치를 존중해. 우린 모두 한 개인으로서 존중받을 자격이 있으니까."

"이기적으로 자기만 생각하고 살면 시야가 좁아져. 소중한 사람들도 함께 생각해야 더 멀리 볼 수 있지."

개척하다 / 개발하다

개척하다 「동사」「1」 거친 땅을 일구어 논이나 밭과 같이 쓸모 있는 땅으로 만들다.
　　　　「2」 새로운 영역, 운명, 진로 따위를 처음으로 열어 나가다.

개발하다 「동사」「1」 토지나 천연자원 따위를 유용하게 만들다.
　　　　「2」 지식이나 재능 따위를 발달하게 하다.

　　아이가 이해하기 쉽게 두 어휘의 뜻을 말해주고 싶다면 이렇게 질문하면 됩니다. "네가 좋아하는 유튜브 분야가 뭐야?" 아이가 만약 '먹방'이라고 말한다면 다시 이렇게 말하는 거죠. "먹방을 떠올리니 먹방이라는 분야를 개척한 사람이 생각나네." '개척하다'라는 말은 이전에는 아예 없던 분야나 새로운 영역을 처음으로 열어 나가는 것을 말합니다. 새로운 활로를 열거나, 새로운 분야를 시작할 때 사용하는 표현이죠. '개발하다'라는 표현은 그 이후의 일입니다. 누군가 개척한 분야에서 그 분야를 좀 더 성장시키고 발전

시킬 때 개발한다고 말할 수 있죠. '개척'이 먼저고 '개발'은 그 이후의 일이라고 생각하면 이해하기 쉽습니다.

개척하다

어떤 분야를 생각하면 가장 먼저 생각나는 사람, 그 영역을 떠올릴 때 반드시 연구하고 조사해야 하는 사람이 바로 '개척자'라고 할 수 있습니다. 모두가 버린 쓸모 없던 땅을 논이나 밭, 혹은 스키장처럼 쓸모 있는 땅으로 만들 때, 그를 모두가 버린 땅을 개척한 사람이라고 부를 수 있죠. 모든 영역이 다 마찬가지입니다. 진로, 경제, 운명, 문화 등 그 안에서 첫 문을 열고 나간 사람에게 우리는 '새로운 길을 개척한 사람'이라는 칭호를 붙입니다. 개척은 아이들의 삶에서도 일어납니다. 이를테면 아이가 "엄마, 나 학교에 가는 새로운 길을 하나 알아냈어! 여기 이 길은 아무도 몰라!"라고 말할 때, 그 멋진 사실을 그냥 "그랬구나. 신나겠네!"라고 말하며 지나가지 않고 이렇게 말할 수 있다면 어떨까요? "와, 우리 아들(딸)이 아무도 찾지 못한 새로운 길을 개척했네. 그게 바로 개척이야, 길 하나를 찾는 것!" 이렇게 부모가 개척의 의미를 분명히 알고 있으면, 아이 삶에

서 일어나는 모든 새로운 장면에 귀중한 의미를 부여해 창
조성을 자극할 수 있습니다.

개발하다

'개발하다'라는 표현은 이미 개척한 땅이나 발굴한 자원
을 다른 방향으로 사용할 수 있게 만드는 것을 말합니다.
누군가에게 배우거나 이미 존재하는 지식을 다른 분야로
활용하는 것도 마찬가지죠. 개발 역시 아이 삶에서 빈번하
게 일어나는 현상입니다. 이를테면 학교 가는 길가 꽃밭에
서 아이가 매일 꽃이 자라는 모습을 관찰하고 있다면 이런
말을 들려줄 수 있죠. "학교 가는 길에서 새롭게 관찰할 공
간을 하나 개발했구나!", "새롭게 개발한 장소가 어때? 마
음에 드니?" 이런 이야기를 들은 아이는 자연스럽게 '모두
가 방법이 없다고 생각해도 나는 포기하지 않아. 새롭게
활용할 방법은 더 생각하는 사람이 결국 찾아내는 거니까'
라고 생각하게 됩니다. 그럼 아이는 이제 일상을 다르게 보
죠. "여기에 뭐가 없나?", "이걸 다르게 활용할 방법이 없을
까?" 개척도 위대한 일이지만 개발 역시 아이의 삶을 바꾸
고 확장할 수 있는 중요한 일입니다. 꼭 그 가치를 깨달을

수 있게 해주세요.

'개척하다'와 '개발하다' 모두 도전이라는 맥락에서 보면 같은 말입니다. 하지만 모든 도전이 같은 건 아닙니다. 도전에도 두 종류가 있죠. 하나는 이전에는 존재하지 않았던 것을 창조하는 것, 나머지 하나는 누군가 만든 길 위에서 새로운 것을 추가로 만드는 것입니다. 전자는 '개척', 후자는 '개발'이라고 말할 수 있습니다. 이런 예시를 통해 아이들에게 그 의미를 전달해 주세요.

"오, 지금 네가 먹는 그 라면, 요즘 틈새시장을 개척한 걸로 유명하던데."

"키가 작아도 농구를 잘할 수 있어. 작아서 할 수 있는 기술을 개발하면 되지."

"다른 사람들 이야기는 참고만 하렴. 네 인생은 네가 스스로 개척하는 거니까."

"모든 사람이 같은 방법으로 책을 읽는 건 아니야. 너만의 읽는 방법을 개발하면 되는 거야."

경쟁하다 / 점검하다

경쟁하다 「동사」 같은 목적에 대하여 이기거나 앞서려고 서로 겨루다.

점검하다 「동사」 낱낱이 검사하다.

'경쟁'은 좋은 것입니다. '점검' 역시 꼭 필요하죠. 하지만 먼저 해야 할 것이 있습니다. 한 줄로 압축하면 이렇게 말할 수 있죠. "스스로를 매일 점검해 자기 실력과 현재 가치를 제대로 아는 사람만이 자신을 성장으로 이끄는 경쟁을 할 수 있다." 맞습니다. 그렇게 경쟁은 기회를 만들고, 또 모든 성장의 동력입니다. 경쟁은 우리를 더 나은 사람으로 만듭니다. 단, 매일 자신의 현재를 점검하며 자기 수준을 정확하게 파악한 사람에게만 허락된 결과죠. 순서를 제대로 알지 못하면 아까운 시간만 버리게 됩니다. "경쟁도 좋아.

하지만 자기 수준을 제대로 아는 게 먼저지. 그래야 무엇을 어떤 방식으로 경쟁해야 하는지도 알 수 있으니까." 이런 말로 순서를 제대로 알려 주세요. 그래야 아이의 노력이 경쟁이라는 성장의 도구를 만나, 더 멋진 결과를 만들어낼 수 있습니다.

경쟁하다

세상에는 서로를 망치는 경쟁도 있지만, 분명 서로를 살리는 경쟁도 있습니다. 중요한 건 경쟁에 임하는 아이들의 자세입니다. 여기서 중요한 단서가 하나 있습니다. 단순히 남을 이기려고 하는 자세가 아니라, 과거의 자신보다 나아지려고 할 때 경쟁은 비로소 의미가 있다는 사실을 자각하는 일입니다. 우리의 목적은 결국 어제의 나보다 나아지는데 있지, 잘 모르는 남보다 나아지는 데 있는 게 아니니까요. 경쟁에서의 승리는 어제의 나보다 나아지면 저절로 주어지는 부록과도 같은 것입니다. "진짜 경쟁은 남이 아닌 자신에게 집중할 때 비로소 시작되는 거야"와 같은 말을 통해서 아이에게 경쟁의 진짜 의미를 알려 주는 게 좋습니다. 그래야 타인과의 경쟁에서 무슨 수를 써서라도 이기려는 나쁜 마음을 갖지 않을 수 있습니다.

점검하다

대부분의 아이는 아직 자신의 삶에 익숙하지 않아서, 어쩔 수 없이 실수나 잘못을 저지를 수밖에 없는 존재입니다. 하지만 언제나 나아질 수 있죠. 부모라면 그 희망을 보며 아이를 키워야 합니다. 자신의 행위가 옳았는가를 점검할 수 있다면, 어떤 실수도 만회할 수 있고 잘못도 고칠 수 있습니다. 동시에 자신의 현재 위치를 제대로 파악할 수 있기에 무엇을 배워야 하고, 또 무엇이 부족한지도 스스로 가늠할 수 있죠. "네가 무엇을 하든지 세 번만 점검한 후에 결정하면 후회가 없을 거야"라는 말로 자신의 현재 위치와 역량을 점검하는 삶이 얼마나 중요한지 알려 주는 게 좋습니다. 자신을 잘 아는 사람만이 수많은 사람이 경쟁하는 속에서도 자신을 잃지 않을 수 있으니까요.

일상 활용법

'경쟁하다'와 '점검하다', 대체 이 두 어휘에는 어떤 공통점이 있는 걸까요? 아니면 우리가 몰랐던 또 다른 점이라도 있는 걸까요? 제가 이렇게 두 어휘를 가져와 소개하는 이유는, 앞서 언급한 것처럼 순서를 제대로 알아야 하는 단어라서 그렇습니다. 스스로 하루를 점검하는 아이는, 자신에 대해서 잘 알게 되기 때문에 학업이나 친구 관계 문제 등에서 원활하게 대처할 수 있으니 앞서서 나갈 수 있습니다. 자연스럽게 각종 경쟁에서도 우위를 점하게 되겠죠. 아래 예시를 통해서 그 과정이 어떤 것이며 어떻게 성취할 수 있는지 알려 주시면 됩니다.

"자신이 뭘 모르는지 먼저 점검해야, 무엇을 공부해야 할지도 알 수 있지. 그게 바로 자신과의 경쟁에서 이기는 방법이야."

"요즘 어떤 고민이 있니? 그 고민을 해결하려면 뭘 해야 할까? 스스로 한번 점검해 봐."

"경쟁에서 이기려면 어떻게 해야 한다고 생각하니? 그렇게 생각하는 이유는 뭐야?"

"우리 딸(아들)은 일기도 참 잘 쓰네. 그렇게 매일 일기를 쓰면 하루를 점검할 수 있어서 좋아."

적절하다 / 적합하다

적절하다 「형용사」 꼭 알맞다.

적합하다 「형용사」 일이나 조건 따위에 꼭 알맞다.

'적절하다', '적합하다'라는 말은 모두 '꼭 알맞다'라는 의미를 갖고 있습니다. 비슷한 말이라고 생각할 수도 있지만, 결정적인 차이가 하나 있죠. 적합하다는 말이 'A는 이런 이유로 B에 적합하다'와 같은 방식으로 사용하는 반면, 적절하다는 말은 'A가 적절하다', 혹은 'B가 적절하다'와 같은 방식으로 쓰인다는 사실입니다. 이를테면 이렇게 활용할 수 있습니다. '적절하다'라는 말은 "그건 적절하지 못한 말이었어"라고, '적합하다'라는 말은 "그런 말은 이런 상황에는 적합하지 않아"라는 식으로 말할 수 있습니다. 정리하자면, '적절하다'라는 말은 평면적인 표현이라 그저 사실만 언급하지만, '적합하다'라는 말은 입체적인 표현이므로 늘 비교 대상과 그 이유가 있습니다.

적절하다

다양한 의견을 제시하기보다는 어떠한 사실을 표현할 때 주로 사용하는 평면적인 말이라고 생각할 수 있습니다. '너에게는 이게 적절하겠네', '이건 너에게 적절하다'와 같이 의견의 형식을 갖고는 있지만, 사실에 가까운 말을 전할 때 사용합니다. 개인적인 생각이 들어간 의견이 거의 없으니 다른 대상과 비교하거나, 비유 혹은 차이점에 대한 표현이 거의 들어가지 않습니다. 가령 옷을 살 때나 식당에서 메뉴를 고를 때 '이게 적절해 보이네'라고 말할 수 있죠. 이처럼 쉽고 빠르게 무언가를 판단하거나 선택할 때 사용하면 좋은 표현입니다.

적합하다

적절하다는 말보다 좀 더 명확하고 분명한 표현입니다.

이유는 간단합니다. 말하는 사람의 생각과 평가가 녹아 있는 표현이라서 그렇습니다. 늘 문장에 비교할 수 있는 다른 대상이 들어가기 때문에 아이들의 판단력과 사고력을 기르는 데 아주 좋죠. 'A는 이런 이유로 B에 적합하다'라는 말을 하려면, 일단 A와 B의 관계에 대해서 분석하고 비교해야 하며, 자신이 생각한 결론이 무엇인지 글과 말로 설명할 수 있어야 합니다. 이 모든 생각의 과정을 통해 아이는 생생한 표현력까지 기를 수 있게 됩니다.

일상 활용법

비슷하게 느껴지지만 분명한 차이가 있는 이런 표현을 아이가 듣고 분간할 수 있게 되면, 그 아이는 이런 차이를 알지 못하는 다른 아이들에 비해 더욱 섬세하게 세상을 볼 수 있게 됩니다. 아래 예시를 살펴보며 무엇이 다르고, 또 앞으로 어떻게 활용하면 좋을지 생각하며 마음에 담아 주세요.

"그 영화는 네가 보기에 적절하겠다."
"이번에 나온 활동복은 소재가 좋아서 외부 활동에 적

합할 것 같아."

"선생님의 질문에 적절하게 대답했구나."

"이 자전거는 너무 크고 빨라서 우리 같은 초보자가 쓰기보다는 선수용으로 쓰는 데 적합하겠다."

구별하다 / 차별하다

구별하다 「동사」 성질이나 종류에 따라 갈라놓다.

차별하다 「동사」 둘 이상의 대상을 각각 등급이나 수준 따위의 차이를 두어서
구별하다.

크게 볼 때 성질이나 종류 등 어떤 기준을 가지고 대상
을 나눈다는 것은 같습니다. 다만 '구별하다'는 뭔가를 배
우고 지식으로 쌓기 위해 나누는 거라면, '차별하다'는 수
준과 등급을 나눠서 차이를 인식하거나 상대에게 인식을
시키기 위해서 나누는 것이라고 보면 됩니다. 조금 다른 측
면에서, 순서를 기준으로 보면 구별이 먼저이고 차별은 다
음이라고 보면 맞습니다. 먼저 구별을 해야 차별할 기준을
세울 수 있기 때문입니다. 그렇게 생각하면 의미는 다시 이
렇게 명확해집니다. 구별이 공부와 성찰을 위한 것이라면,

차별은 타인을 낮추기 위한 의도적인 시도의 결과입니다.

구별하다

구별한다는 말은 아이의 탐구력과 문해력을 기르기 위해 꼭 필요한 표현입니다. 일단 세상에 존재하는 모든 사물과 감정을 자신이 세운 기준에 맞게 구분할 수 있고, 동시에 그렇게 나눈 것을 지식으로 담을 수 있어서 그렇습니다. 아이의 지적 성장에 매우 긍정적인 역할을 하는 말입니다. 아이의 삶에서 어떤 것을 구별할 수 있다는 건 참 위대한 '사건'입니다. 그런 위대한 순간을 자주 경험하게 해주고 싶다면, 일상에서 "이걸 어떻게 구별할 수 있을까?"라는 질문을 자주 해주세요. 그럼 그 말을 듣는 아이도 습관처럼 탐구하며 문해력을 높이려는 연습을 하게 됩니다.

차별하다

차별이라는 말이 좋은 표현이 아닌 건 누구나 알고 있습니다. 그러나 그 이유는 제대로 알지 못하죠. 이유까지 분명하게 알아야 진짜 안다고 말할 수 있습니다. 이 부분을 꼭 기억해 주세요. 이유를 알아야 아이에게 설명할 수 있습니다. 차별한다는 말이 나쁜 이유는 의도적인 것이라 그렇습니다. 구별을 통해 이미 충분히 지식을 쌓았는데, 차별하고 싶다는 유혹에 빠져 그 지식을 엉뚱한 곳에 소모하기 때문입니다. 물론 경쟁하며 사는 세상이니, 등급이나 수준에 맞게 차이를 두는 건 어쩔 수 없습니다. 하지만 스스로 차이를 인식하는 건 좋지만, 그걸 통해서 나보다 낮은 사람을 놀리고 비난한다면 그건 못된 선택이겠죠. 만약 아이가 시험에서 낮은 점수를 받아서 힘들어한다면, "이 차이를 어떻게 하면 극복할 수 있을까?"라는 생산적인 질문을 통해, 아이가 차이를 자신의 삶을 극복하는 데 활용할 수 있게 해주세요.

일상 활용법

부모가 일상에서 구별과 차별을 제대로 구분하지 못하고 사용한다면, 아이는 자신이 하는 말과 행동이 차별의 시각에서 나온 거라는 사실을 모르는 상태로 쓸 수밖에 없습니다. 모르고 쓰는 것처럼 안타까운 일도 없습니다. 아래의 예시를 통해서 '구별'과 '차별'이 무엇이 다른지 명확하게 알려 주는 시간을 가져 보시길 바랍니다.

"사람을 <u>차별하는</u> 언어를 쓰면, 듣는 사람은 불쾌한 감정이 들지."

"너는 삶은 달걀과 날달걀을 <u>구별</u>할 수 있니?"

"옷차림이나 직업으로 사람을 <u>차별하는</u> 건 좋지 않아."

"군대는 명령에 따라 움직이는 조직이라서, 계급의 상하 <u>구별이</u> 정말 엄격하지."

"아빠의 **조언**이 필요하면 언제든 말하렴. 아빠는 언제든 준비

를 마친 상태니까."

"엄마가 지금 **개입해도** 되겠니?"

"다수가 옳다고 말하는 길을 쫓아가지 않고, 너만의 생각을

따르는 멋진 **개인주의자**가 되기를 바란다."

_____

_____

_____

_____

"다른 사람들 이야기는 참고만 하렴. 네 인생은 네가 스스로

개척하는 거니까."

_____

_____

_____

"자신이 뭘 모르는지 먼저 **점검해야**, 무엇을 공부해야 할지도

알 수 있지. 그게 바로 자신과의 **경쟁**에서 이기는 방법이야."

"이번에 나온 활동복은 소재가 좋아서 외부 활동에 **적합할** 것

같아."

"옷차림이나 직업으로 사람을 **차별하는** 건 좋지 않아."

정확히 말할수록 아이의 세상이 커지는 필수 어휘 126

부모의 어휘력

초판 1쇄 발행 2024년 6월 17일
초판 8쇄 발행 2024년 12월 5일

지은이 김종원
펴낸이 민혜영
펴낸곳 (주)카시오페아
주소 서울특별시 마포구 월드컵로14길 56, 3~5층
전화 02-303-5580 | **팩스** 02-2179-8768
홈페이지 www.cassiopeiabook.com | **전자우편** editor@cassiopeiabook.com
출판등록 2012년 12월 27일 제2014-000277호

• 잘못된 책은 구입하신 곳에서 바꿔 드립니다.
• 책값은 뒤표지에 있습니다.